规划师随笔

麦修⊙著

中国建筑工业出版社

图书在版编目（CIP）数据

规划师随笔/麦修著.—北京：中国建筑工业出版社，
2017.10
ISBN 978-7-112-21136-4

Ⅰ.① 规… Ⅱ.① 麦… Ⅲ.① 城市规划-文集
Ⅳ.① TU984.2-53

中国版本图书馆CIP数据核字（2017）第207143号

责任编辑：黄　翊
责任校对：李欣慰　王宇枢

规划师随笔

麦修　著
*
中国建筑工业出版社出版、发行（北京海淀三里河路9号）

各地新华书店、建筑书店经销

北京锋尚制版有限公司制版

北京中科印刷有限公司印刷
*
开本：787×1092毫米　1/16　印张：20¾　字数：308千字
2017年12月第一版　　2017年12月第一次印刷
定价：**68.00**元
ISBN 978-7-112-21136-4
（30779）

自序

从事城市规划工作三十余年，总觉得应该于这个行当有些体会和经验可以总结总结、说道说道，但无论如何思考和努力，也难以形成一个有条理、有系统、有学术价值的专业论著，于是只好洒扫庭除，将多年来的一些碎片拼凑起来，冠之以随笔出版成书。所谓随笔，其实就是想掩盖其不成体系而已。

书中的文章（也就是碎片）大部分是近十年左右于工作之余写就而成，有些曾发表于传统正式刊物，有些曾发表于新兴的互联网媒体，故它们的体例不一，有时用词用语不合规范，甚至有网络语言冒头。虽然明知有这些不合传统规范的东西，但又不想费力去改掉，原因一是不知如何改，二是怕硬改了会抹掉原文时代（互联网使得每两三年即成一个时代）上的痕迹，所以姑且保留了。

从事城市规划工作三十余年了，经常被一些行外人称为专家，诚惶诚恐至极。静下心来，想了想，有关城市规划这个专业的几个最基本又最重要的问题竟然还没有搞清楚，还专家呢！这几个问题即：城市到底是什么？城市规划与人类社会中哪些学术领域有密切关系？城市规划工作者到底要做哪些事情？也许，正是觉得这些问题还没有搞清楚，这本由碎片拼凑起来的文集才有机会蓬头跣足地踉跄面世。

感谢陆新之先生、黄翊女士、张一驰先生在本书编辑出版过程中给予的帮助！

注：写于2017年5月。

目录

上卷　识伊篇

恨不早识伊
相知在凌栖

什么是城市？

1．什么是城市？

从事城市规划工作已经整整30年了，今天突然意识到"什么是城市"这个问题还没有搞清楚，可是这个问题似乎应该是一个城市规划师最最基本的常识啊。是的，城市就在我们身边，我们就生活在城市里，但"城市"到底是什么或"城市"如何区别于"乡村"还真需要一番研究与思考才可。

先查了一下1996年版的《现代汉语词典》，其描述"城市"如下：人口集中、工商业发达、居民以非农业人口为主的地区，通常是周围地区的政治、经济、文化中心。

对于这个定义，我不甚满意。这里的说法几乎都是定性而无定量，使得我这个学理工科的工程师不甚满意。比如，什么叫集中，是否应该有量的标准；什么叫发达，发达到什么程度才叫发达；什么叫为主，占多大比例才是为主；什么是通常，是否可以允许有特例等等，词典遇上了较真狂。

2．小调查

于是，我便在几个同事中进行了一次小小的调查，看看同事们是如何定义城市的。这调查的题目便是：什么是城市？或假设城市与乡村是对立的话，那么两者的区别在哪里？

同事甲说，人口密集度应该是一个衡量标准，人口密集度高的是城市，而人口密集度低的是乡村。同事甲说的有道理，考察古往今来的城市，似乎都是人口比较密集的地方，但这个度是多少却很难定下标准。是否可以这样讲，相对其周边地区人口比较密集的地方往往是城市。

同事乙说，乡村是一个熟人社会，而城市是一个陌生人社会，熟人社会靠关系和感情来办事，而陌生人社会是靠契约、规则来办事。同事乙是从人际关系来定义城市的，但暗含着一个因素就是熟人社会应该是人口数量比较少或密集度小的社会，而陌生人社会一定是人口数量多或密集度大的社会。哦，人口数量少、密集度小的社会就是熟人社会吗？反之就是陌生人社会吗？相对来说是这样吧，人少的地方，大家反而容易彼此靠近。比如一个村庄里，只有5户人家，肯定大家彼此熟悉，相反，一栋楼里，上百人居住，估计彼此都不认识了。

同事丙说，城市就是一个交易的场所，交换、贸易通常在城市里进行。这是从人类所从事的产业来定义城市的。

同事丁说，城市是公共服务设施集中的地方，比如，学校啊、医院啊、博物馆啊、体育馆啊等等，乡村则缺乏这些设施。我记得有人曾讲有酒吧的地方就是城市，而我说有电影院的地方就是城市。这些都有道理，但也不尽然。

同事戊说，其实，城市与乡村本无本质差别，尤其是现代化的发展，使得城乡差别越来越小。原先乡村主要是农业生产为主，城市以工商业为主，但现在，这个差别越来越小了，乡村里也有工厂，城市里也可生产食品。

同事己说，城市与乡村并不对立，城市包括了乡村，乡村是城市的一部分。

同事戊和同事己的说法基本上是否定了城市这一概念，城乡无差别也就无城市了，城市包括乡村，那么与城市相对的东西也就不是乡村了。

3．再看几个定义

中国的《中国大百科全书》（简明版，修订本）说：城市，是以非农业活动和非农业人口为主，具有一定规模的建筑、交通、绿化及公共设施用地的聚落。这个定义与1996年版的《现代汉语词典》不出左右。

英国的《不列颠百科全书》（中文版）说：城市，一个较永久性和组织完好的人口集中地，比一个城镇或村庄规模大，地位也更重要。这个定义，已经没有了产业的划分，也没有功能的划分，只是讲"人口集中"、"地位更重要"，表述越来越模糊了，但也似乎越来越趋向准确了。

而网上的维基百科（英文版）说：A city is a large and permanent human settlement（城市是一个大的和永久的人类聚落）。这说法更加模糊笼统了，但仔细想想，是不是也更"总体正确"了呢？

中国的《辞海》（1999年版缩印本）压根儿就没有收录"城市"这个如此常用的词条。难道是漏掉了？抑或是深思熟虑后的明智选择？

4．芒福德的论述

美国著名的城市学家刘易斯·芒福德（Lewis Mumford）在其《城市发展史》中也没有对城市给出一个定义，他在书的一开篇就说："城市是什么？它是如何产生的？又经历了哪些过程？有些什么功能？它起些什么作用？达到哪些目的？它的表现形式非常之多，很难用一种定义来概括；城市的发展，从其胚胎时期的社会核心到成熟期的复杂形式，以及衰老期的分崩离析，总之，发展阶段应有尽有，很难用一种解释来说明。城市起源至今还不甚了了，它的发展史，相当大一部分还埋在地下，或已消磨得难以考证了，而它的发展前景又是那样难以估量。"

芒福德的《城市发展史》是一部鸿篇巨制，但尽管如此，在整本书中，他也没有讲"城市是什么？"或者讲"城市"与"非城市"的区别是什么？

芒福德讲到了城市的起源。但是我们首先要注意的是，如果说不清城市是什么的话，又如何说它的起源呢？就好比我们现在要说互联网的起源，如果连互联网是什么都不清楚的话，又如何谈及其起源呢。

还是仔细看一段芒福德是如何论及城市的起源的吧。"古人类敬重死去的同类，这本身表明，古人类很困惑不解死者的强大身影何以会出现在他们的昼思夜梦之中。这种对死去同类的敬重心理，大约比实际的生活需要更有力地促使古人要寻求一个固定的聚汇地点，并最终促使他们形成了连续性的聚落。在旧石器时代人类不安定的游动生涯中，首先获得永久性固定居住地的是死去的人：一个墓穴，或以石冢为标记的坟丘，或是一处集体安葬的古冢。这些东西便成为地面上显而易见的人工目标，活着的人会时常回到这些安葬地点来，表达对祖先的怀念，或是抚慰他们的灵魂。虽然当时的采集和狩猎的生产方式不易形成固定地点上的永久性居住，但至少死去的人可以享受到这种特权……总之，远在活人形成城市之前，死人就先有城市了。而且从某种意义上说，死人城市确实是每个活人城市的先驱和前身，几乎是活人城市的形成核心。"

由芒福德上述话语，我们可以得出这个概念，即，由于墓穴或坟丘而引起的人类连续性聚落是城市的最初形态。

也就是说，城市在开始的时候，就是人类连续性的聚落。这里没有产业的问题，其功能可能主要是祭祀、怀念、祈祷等，多半是精神生活的需要。

芒福德举了个例子。法国西南部的多尔多涅（Dordogne）河畔的一个石灰岩山洞，经过考古学家的考证，认为其不仅是旧石器时代人类的一个居住地，而且还是那时人们进行艺术和礼俗活动的场所。芒福德认为，正是这样的场所反映了古代社会的社会性（这个社会性指人类物质生产和自身繁衍的活动）和宗教性，而社会性和宗教性这两种推动力协同作用，终于使得人类最终形成了城市。

5．想说什么呢？

城市已经存世达5000年到1万年，但给"城市"下定义是一个非常难的事情，尽管我们生于斯，死于斯。可能我们人类在认识客观事物上还有差距，还能力不足，没有找到"城市"与"非城市"最最不同的地方。

我们陷入这样的困境可能不止一处。比如，我们如何定义"人类"呢？语言？制造工具的能力？大脑容量？直立行走？似乎都不靠谱，单独每一条都不量化而且会轻易被击破，因为很多动物都具有这样的特征。尽管如此，科学家还是尽最大努力给"人"下了定义："'人'应该是具备如下特征的一种动物：两足直立行走，脑量大，能有意识地制造和使用工具，间断进食与杂食性，成年个体四季都有性欲，皮肤除少数几处有毛发外基本上裸露，拇指与其余四指相对，具有高度的群体性与社会性，具有发达的语言系统，具有文化和意识等。"不下此定义，人类无法脱离动物，但此定义仍然不断受到科学界、动物学界、人类学界的挑战。

芒福德也没有说清什么是城市？他对城市起源的论述也没有把城市与乡村区别开来。

我想起同事戊的说法，是不是城市与乡村本来就无区别呢，从人类最原始的社会到我们现在的社会，其实就无法区分（直观感觉可以区分，但无法科学地区分）城与乡呢？如果不能区分，也就无所谓城市了。

作为一个城市规划师，对"城市"还不能充分科学（所谓的现代科学）地认识，不知是悲哀还是"城市"本来如此。不识城市真面目，只缘身在此城中。

注：写于2015年10月13日。

城市的起源

1. 再谈城市定义

关于城市的定义还有很多。

英国学者约翰·里得（John Reader）在其著作《城市》（Cities）中说："从考古学家和历史学家的观点来说，村庄和城市最有意义的区别不在于规模的大小，而是以社区中社会和经济的不同形态来衡量。在此发展过程中，一个地区的人们如果都是脱离土地而成为全时工匠、商人、牧师和官员，那么这里就可以称之为城市，那些还主要是农夫的地方就是村庄了。大体上，只有农夫才住在村庄里。所以，确定市镇和城市的关键是农夫不住在那里。"

看美国学者Spiro Kostof的《The City Shaped》一书，其中也谈到城市的定义，但都是引用他人的。如引用了L. Wirth的观点，说城市是"a relatively large, dense, and permanent settlement of socially heterogenous individuals"。翻译成中文是：城市是一个规模相对比较大、密度相对比较高的不同社会人群的永久居住地。又引用了芒福德的观点，说城市是"a point of maximum concentration for the power and culture of a community"。翻成中文则是：城市是一个社会或群落中能量（权力）和文化最集中的那个点。芒福德的这句话出自其1938年的著作《The Culture of Cities》，比他的《城市发展史》（The City in History，1961年出版）还早几十年。

讨论城市的定义确实有些费力，似乎要进入到形而上学的境地。我们还是看看城市的起源吧，这样有助于我们从更务实的角度来认识城市。

2．半坡村

在中国陕西省西安市东郊浐河东岸，有一处距今6000多年的古人类生活遗址，名半坡村。1953年，中国的考古人员发现该遗址，随即进行了发掘。该遗址总占地面积估计为5—10公顷，迄今已经挖掘出1公顷左右。

在已经挖掘出的遗址中，主要部分为居住区。在居住区里有46座房屋遗迹，建造方式有半穴式和地面式两种，"人"字形结构，木骨泥墙，平面则呈方形和圆形两种。房屋没有窗户，门均向南，面积大约有十几、二十平方米。最大的房屋有100多平方米，有可能是氏族首领的住所。

仔细考察这些房屋，会发现，在这些房屋的出口处往往会有以"人"字形骨架支撑起来的"雨篷"，房屋墙壁有一人多高，墙壁上方还有屋顶的出檐，房屋的纵深方向往往也会一隔为二三，形成前堂后室。整个建筑形式可以看出与中国后来的"宫"形建筑具有渊源关系。有文字专家认为，中国汉字的"宫"即从此建筑形式而来。

在居住区里还发现了700多件农业生产工具，如石斧、石铲、石镰、骨器、陶器等，还发现一些粟（谷子）的朽粒。它证明了黄河流域是世界上最早培植粟的地区。

居住区的东面是制陶的窑场，在这里，出土了大量的陶制品，可知当时的半坡人已经把陶器作为一种日常生活的用具了，诸如我们今日使用的茶具和餐具等。在这些陶器中，还发现了一种小口、大肚、尖底、状如梭形的汲水瓶，腹部有系绳的双耳，颈下饰斜形细绳花纹。用这样的瓶在水中汲水时，圆筒状的瓶口便会自动下沉，水便灌进瓶中，当水灌满后，瓶子又会自动竖立起来，然后用绳将瓶吊出水面。这个汲水瓶说明半坡人已经足够聪明，懂得了重心原理。在半坡人的陶器中还发现了彩陶，彩陶的图案造型逼真且笔画疏朗，既有游动的鱼也有奔驰的鹿，也有一些抽象的图案，实为绘画杰作。在一些彩陶器的口沿部还发现刻有符号，计有20多种，有文字学家指或为中国原始文字的起源。

半坡村北部是公共墓地，墓穴排列得井然有序。部分墓葬有随葬品，大部分是陶制的日常用具。随葬品在女性墓中比较多，这反映了女性在当时社会生活中的地位。

半坡村最大的一项土木工程，要算是居住区边上的一道堑壕了。这个堑壕估计乃围绕居住区而设，但目前只发掘出一部分。堑壕深有6—7米，宽有5—8米。

这是一处古人类的聚集地，有居住，有生产，有墓葬，有防卫，甚至文字都开始萌芽。这样一处聚集地，算不算城市呢？应该算的，在6000多年前，这里应该是人类能量和文化最集中的一个地方了（芒福德语）。而且，按照芒福德的说法，城市最开始的时候是为死人而起的，是的，墓葬地可能是人类赖以聚集的一个精神力量。半坡村的堑壕也是城市的一个重要的标志。人类后来的城市中，有很多是带有城壕的，其功能几乎一样，主要是防卫。

可以说，半坡村已经具备了城市的几个主要特征了。居住、生产、手工业、墓葬、防卫，以及文化的集中点。

3. 河姆渡遗址

1973年，在长江下游中国浙江省余姚市的河姆渡村发现了一处古人类的氏族村落遗址，经测定，距今已经有约7000—5000年之久。后又在周边地区发现了多处同一时期的类似遗址，故形成了一个文化圈，统称河姆渡遗址。

在这个古人类的遗址里面，出现了大量的干阑式建筑，即立桩、架板而使房屋高于地面的一种建筑形式。显然这是古人为了适应在多水、潮湿地区的生活而发明的，通风，防潮，也可以抵御大雨后的洪水泛滥，同时又由于居高临下，具有较好的防御功能。在这个遗址里还出土了许多桩柱、立柱、梁、板等建筑木构件，构件上有加工成的榫、卯（孔）、企口、销钉等，显示出当时的木作技术已经非常成熟。

在遗址中出土了很多的骨器，有耒、耜、镖、镞、哨、匕、锥、锯、笄等器物，均为精心磨制而成，而一些带柄的骨匕、骨笄上还雕刻有花草纹或双头连体鸟纹等图案，堪称精美绝伦的工艺品。

1987年，在遗址中出土了大量的稻谷、谷壳、稻秆和稻叶，据称总量达到150吨之多，经分析确认是7000年前的水稻。有专家称，由于水稻的栽培，使社会上有了大量的余粮囤积，随之而来的便是贫富差别的出现，而由此，文化的发展也进入到了一个新的阶段。

遗址中也有很多陶器出土，以夹炭黑陶为主，少量为夹砂、泥灰陶，手工制作，烧制温度在1000℃左右。器型有釜、罐、杯、盘、钵、盆、缸、盂、灶、器盖、支座等，器表常有绳纹、刻划纹，也有一些绘以植物纹的彩绘陶。

在河姆渡遗址中还出土了古人用的乐器，也可以认为是一种狩猎时模拟动物声音的狩猎工具，有骨制的骨哨，也有陶制的陶埙。

尤其让人惊叹的是，在遗址中甚至出土了一些类似于纺织机械的物件，如卷布棍、梭形器、纺轮、机刀等。据专家推测，这些物件很有可能是原始织布机的附件，也说明新石器时代的人类已经学会了用机械进行编制。

截止到目前，在河姆渡遗址中还没有发现集中的氏族公共墓地，而只是发现了27座零星墓葬。

是的，河姆渡以及其周边的遗址其实就是一个庞大的人类聚落，确实不好将其中一个或几个看成是城市。但我们也不可否认，所谓的城市正是在这些像村子的聚落基础上发展起来的。河姆渡文化圈里，水稻产量已经供给有余，有了强大的粮食储备作保障，人类得以迈开步做进一步的发展。而储存粮食则是现代城市的一大功能，也是保证城市运转的一个重要条件。从这一点看，河姆渡遗址倒真正是城市的雏形了。

4．良渚古城

同样是在长江下游地区，1936年，人们在现在的中国浙江省杭州市余杭区发现了一处颇具规模的古代人居聚落遗址——良渚遗址。据专家们考证，良渚遗址覆盖了大约34平方公里的范围，其活跃时期距今有5500—4000年，比河姆渡的活跃时期晚了1000年左右。在这个遗址范围内，出土了大量文物，诸如稻子、蚕丝织物、陶器、玉器等，其反映出的农业技术与手工业技术显然都比河姆渡要大大地进步了，尤其是玉琮、玉璧等玉器，反映出这时的古人已经有非常强烈的精神生活需求，祭祀、崇拜活动比较盛行（迄今良渚遗址中共出土玉器3700多件，且多为上好的透闪石软玉，加工技术令今人仍不解，但很明显是为祭祀、崇拜、信仰而用）。

良渚遗址中最大的一个发现要算其古城了。2007年，中国浙江省的文物部门宣布，一座约5000年前的古城在良渚遗址的核心区域被确认，因为考古工作人员发现了这座古城的四面城墙。这四面城墙所围起来的一座方城，东西长约1500—1700米，南北长约1800—1900米，占地达3平方公里左右，而城墙的厚度大约70米，城墙外护城河的宽度竟然达到100米左右。由此看来，这是一座非常宏伟的古城，工程量之大令人咋舌。而城墙的出现则意味着人类聚落已经从自然村落进入到了所谓的"城"，防御功能大大增强，也意味着人类社会的对抗性和阶级性更加明显，族群矛盾和阶级矛盾日益凸显。

尽管我们对良渚古城城墙的高度、城内建筑的形式以及人们的生活方式（迄今还没有找到城门的位置，有专家推测该城当时或为一个水城，即河湖充沛、水系发达，人们或以舟船为交通工具。也有专家据城墙厚度推测，居住建筑或建在城墙之上）等问题还在考证研究，我们仍然会毫不迟疑地说良渚古城是一个"城"，而非"村"，其根本原因是城墙的出现。但我们也不得不承认，城墙并非城市的根本特征，只是特征之一罢了。没有城墙，城市也是可以存在的。

良渚古城的发现，使得中国城市的历史可以上溯到5000年以前，如果我们非要以城墙为城市的标志的话。

5．加泰土丘

在今日的土耳其南部的安纳托利亚高原，距离地中海海岸100公里的一处叫加泰土丘的地方，发现了一处8000多年前（也有说1万年前）的古人生活聚落遗址。这处遗址由英国考古学家詹姆斯·梅拉特（James Mellaart）于1958年发现。詹姆斯说："加泰土丘是已知的人类城市生活的最初尝试之一，公元前6000年，加泰土丘就是一个市镇了，甚至是一个城市，具有不平凡的特质。"

据考，加泰土丘遗址占地有12公顷，均是以砖作墙的居住房屋，相互独立却彼此紧靠，两到四栋住房形成一组，可以认为是一个家庭的居住地。估计当时这里可以容纳约2000个家庭，1万人左右。这里的住户很有可能大部分还都是农民，手工业者或商人似乎不多。遗址中没有大型神殿，也没有可以作为公共活动的大型建筑。房屋虽然紧密相接，但每栋都有各自的承重墙体，很少有公用墙体的出现。这说明，当时的居民对于所有权可能比较重视，也可以看出，独立的房屋便于每户人家按照自己的意愿进行维修或重建。

考古表明，房屋在维修或重建时，往往是将原房屋捣毁变为底层废墟，然后再在这废墟上进行建设，所以，新建的房屋就会越来越高出地面而形成台地。现在的加泰土丘比起其周边的地面要高出20余米，其原因可能就是于此。

加泰土丘最为奇特的地方是，这里没有道路可以通到居住区内，也没有小路或窄巷用来分隔每家每户住房，居民进出房屋全部是通过屋顶的一个洞口加上梯子。这是为什么，至今还是个谜，那时的人们还没有学会开门吗？或者不知道开了门如何与道路相连？还是对于公共空间的一筹莫展或惧怕？

考古证明，加泰土丘的居民既从事狩猎和采集，也从事饲养和农业，因为从遗址中出土了鹿、狼、豹子、瞪羚等野生动物的骨头，也有人类饲养的绵羊、山羊的骨头，出土了块茎、根茎、野草、橡子、野豌豆、朴树果和阿月浑子等野生植物，也有人工种植的豌豆、小扁豆、大麦、小麦等植物。这说明加泰土丘的居民正处在一个从"狩猎采集"到"饲养农耕"的转变时期，而加泰土丘的居民正是从这两种生活方式中获得最大的好处，即当"饲养农耕"还没有发展到足够满足人们的需要的时候，还适当保留原始部落的"狩猎采集"。

加泰土丘的人们似乎非常喜欢绘画，他们已经学会用矿物来制作颜料，并在墙壁、雕像、骨头、陶器、木头、篮筐上绘画。其中有一幅画非常有价值，它被发现于一处房屋的墙壁上，画面的主体是加泰土丘的地图，清晰地绘制了台地上75栋房屋的平面，细节准确，毫不含糊，堪比现代工程图纸，而画面的背景是一座正在喷发的双峰火山，火山弹正沿山坡滚滚而下，火山灰形成的烟雾在山顶上缭绕，而这双峰火山正是加泰土丘以东120公里的哈桑达格火山。

加泰土丘的人们也爱装饰，在出土的文物中就有指环、手镯、胸针、珠链、挂坠和护身符等配饰，甚至还有用火山玻璃岩磨制而成的镜子，镜子光亮的程度足以清晰地看到人脸。

加泰土丘的人们在信仰、崇拜、图腾方面也有很刻意、很系统的追求。考古证明，很多家庭都在房屋的一角设置了祭祀或崇拜的小神殿或小神龛，供奉着欧洲野牛的牛头，而这种欧洲野牛正是加泰土丘人当时正在驯化的一种动物。在这个小神殿或小神龛的地面下，又往往是这户人家祖先的墓穴，墓穴距离活人的日常生活只有一臂之遥。房屋格局的如此安排有力地表明了加泰土丘人对祖先的崇拜、对祖先驯化野生动物这一功绩的崇拜，牛头似乎成了加泰土丘人的一种图腾或一种符号，也暗喻着此时的人类正在从原始时代步入农耕时代。

加泰土丘存续的时间约为距今9000—8000年之前，这段时间正是人类开始从旧石器时代步入新石器时代、从"狩猎采集"的生活方式转向"饲养农耕"的生活方式的时代。

加泰土丘之所以被称为"城市"，被称为是人类"城市生活的最初尝试"，是因为它已经具备了我们现在所说的城市的很多特征——人类聚集、房屋建造、手工业制作、审美、崇拜、祭祀等。有专家认为，加泰土丘文明对于苏美尔人在美索不达米亚的发展有影响，某些领域（如陶器制作）似乎有传承的关系。

现在，加泰土丘还存在很多令我们不解的问题，比如，为什么这么多人要如此密集地聚集在一起生活？这密集程度已经大大超出了一般村庄中以家庭为单位居住生活的密集程度。是为了防御吗？但没有迹象表明加泰土丘有防御的需求或功能。无论如何，这是一处被认为是人类最早的城市的地方。

6．卡拉尔古城

在南美洲秘鲁的首都利马往北200公里，有一个叫卡拉尔的地方。1905年，人们在这里的黄沙之下发现了一处古迹，但当时并没有引起世人的过多注意。90年后，一些考古学家再次来此，经过不断发掘，终于发现了一个震惊世界的古城，这就是卡拉尔古城。根据考古测定，这座古城的存在年代为4600多年前。

整个卡拉尔古城占地有65公顷，围绕着一个中心区建设而成。而在中心区内，则建有6个大型金字塔以及圆形剧场、主寺庙等建筑。最大的金字塔高约18米，底座足可以覆盖4个足球场。在这些金字塔上布满了迷宫般的房间、庭院、楼梯和其他结构设施，可以看出，这里曾是古城的管理中心所在。

从古城出土的文物可以知道，卡拉尔人已经懂得灌溉田地，懂得种植棉花，会捕鱼，会种菜，但他们却不会种植谷类作物，也不会制作陶器。

但卡拉尔人会制作乐器。考古人员在这里发现了很多用兽骨做成的"长笛"，长短不一，单孔或多孔，笛身上还雕刻有精美的花纹，吹奏时可以发出悦耳的声音。这样的"长笛"与如今拉美地区的传统乐器十分相似，专家推断两者之间应该有传承延续关系。

卡拉尔人还知道如何使用兴奋药品，在发掘出的一些蜗牛壳内，充满了类似石灰粉的粉末，专家们通过成分分析推断这是会产生幻觉的兴奋剂。如今在拉美某些地区，人们在庆祝节日或狂欢时也会使用某种药粉来助兴，看来这之间也有传续关系。

卡拉尔古城是如何兴起的，专家们还没有定论，但从考古的结果来看，这里不曾有战争，也就是说古城并不存在防御的功能。有专家推断说，该古城的兴起与贸易有关系，当时，这里可能是周边地区的一个贸易中心地，古城也随之兴起。从建筑结构和形式来分析，当时这里已经有了阶级存在，而且是在一种严格管理下的等级社会，但没有迹象表明这里存在暴力和屠杀。所以，看起来，卡拉尔古城是个繁荣富庶之地，也是个祥和安宁之地。

卡拉尔古城大约存续了几百年，然后就灰飞烟灭了，其原因不得而知。有专家认为，卡拉尔文明有可能是后来印加文明（兴起于公元13世纪）的源起。

7．小结

上面列举了几个古人生活聚落遗址的例子，似村非村，似城非城，其实就是想说明所谓城市与乡村的差别是很难定义的。城市定义的问题与模糊数学里的秃头悖论（The bald paradox）多少有些相似，从秃头到非秃头，边界不清晰，但我们又都认可两个极端。

城市出现的原因有很多，死人墓葬（芒福德的观点）、储存粮食、贸易中转、防御自然灾害（如洪水、动物侵扰）、战备、手工业者的出现等等，不一而足。有些城市仅依其中之一便发展起来，而有些则多种原因共存。城市的出现，带来了人类文明的发展，而文明的发展更促进了城市的进步。

上述几个例子应该被认为是城市的起源。

注：完成于2015年12月22日。

故都春秋知几何

1. 跨年大戏

跨年之际，雾霾笼城，城中如往年的诸多跨年活动也因为各种原因取消了，只好猫在家中看跨年大戏《芈月传》。《芈月传》讲述的是战国时期，楚国的一位公主芈月作为媵侍嫁到秦国宫中，后来成长为一位杰出的女政治家的故事。故事跌宕起伏，演员个个靓丽。但我却对戏中提及的一些古代诸侯国的都城产生了兴趣，很想知道这些故都都是在什么地方，它们的前生今世该是如何，于是互联网加故纸堆了。

好吧，让我来扒一扒这些都城的历史，与感兴趣的朋友分享、讨论。

2. 东周

公元前771年，位于现中国西北地区的一支游牧民族的部落犬戎攻进了西周王朝的首府镐京（今陕西西安附近），杀掉了周幽王，于是，延续了275年（公元前1046年—前771年）的西周王朝灭亡。周幽王死后第二年（公元前770年），周平王继位，并将都城迁到了洛邑（今河南洛阳），一个新的时代开始，史称东周。

东周时代，是中国历史上一个大变革时代，百家争鸣，诸侯纷争，于是，史学家们又把东周分成了两个阶段，春秋与战国。公元前256年，东周被诸侯国秦所灭，延续了515年的东周王朝退出历史舞台。

东周王朝的都城是洛邑，即今日的河南洛阳。但其实，洛邑的建设早在西周王朝的初期就已经开始。当时，西周的政治家周公姬旦奉命建造洛邑城，八方之广，周洛为中。周公选中这块地方为西周王朝建设了一个王城，成为西周王朝的陪都。洛邑的建设以及它的规划思想在中国的史书中有较为详细的记载，它为我们熟知的《周礼·考工记》中所论述的都城建设方略提供了一个绝好的案例，也成为后来中国都市建设的一个楷模。西周时，洛邑为陪都，而东周时，洛邑成为都城。

《芈月传》中秦武王嬴荡攻下东周王城，并举鼎毙命的地方就是洛邑。洛邑这个地方后来竟成为中国十几个朝代的都城，真是千古帝都啊。

3. 楚国

楚国是一个大国，自西周起便是一个诸侯国。至春秋战国时代，其所辖地域大致是今日的湖南、湖北以及重庆、河南、安徽、江苏、江西部分地方，地域甚为辽阔。

楚国立国有800余年，而其都城自然也是频频变迁。据学者们考证，楚国曾经的都城可能有十多个，如丹阳、郢都、几邹、止都、陈城、寿春等等。

史书记载，楚国最早的国都是丹阳，但这个丹阳在什么地方呢？学术界对这个问题存在很大争议，有说是今日的当涂，有说是今日的秭归，有说是今日的枝江，也有说是今日的淅川，总之，对于丹阳故都的所在，现在没有确切的说法。

而到了芈月生活的年代，楚国已经迁都至郢，而郢又在哪里呢？尽管对郢的所在，也是众说纷纭，但大多数学者还是认为郢就是现在的湖北省江陵县纪南城。

纪南城位于荆州城小北门外5公里处，因在纪山之南，故得名，春秋战国时这里称郢都。考古表明，该城平面呈长方形，东西长4450米，南北长3588米，城内面积16平方公里，规模还是很宏大的。在城垣四周现有28处缺口，其中7处确定为城门。现城内暴露于地面的台地、高地可以确定为建筑台基的有84处。通过考古可以看出，这个纪南城，也就是郢都的规划建设与《周礼·考工记》中所述营国制度若合符节。史书称，郢都作为楚国的都城历经400余年，共有20多位国王在此执掌政权，直至公元前278年秦将白起破楚拔郢。现在，纪南城南北城垣上各立有一块大石碑，上刻"楚纪南故城"五字，为郭沫若手书。

楚国最有名的一个人物当数屈原了，《芈月传》中也常常听到屈原屈大夫这个名字。屈原就是在楚都郢被破那一年愤懑抑郁投汨罗江而亡。

4. 秦国

秦国最开始的时候只是个部落，姓嬴的部落。在西周初期整个部落还是王朝的奴隶，为王朝养马戍边。后来这个部落因为养马戍边有功，便被周天子封为一个诸侯国了。秦本是个小国，立国较晚，但它板砖盖房后来居上，至春秋战国时代，已逐步发展成一个大国强国，其地域大致是今日的陕西北部和中部、甘肃东部、四川、重庆等地区。

秦国的都城在哪里呢？据历史研究，秦国的都城也是多有变迁，号称"九都八迁"（古人迁都似乎是常事啊，说迁就迁）。其中最重要的一个都城是雍城。雍城位于今日陕西宝鸡凤翔境内，自秦德公元年（公元前677年）便在此定都，历300年左右。雍城是秦国定都时间最久的都城，现在仍然可以看到当年的古城遗址。《芈月传》中，公子华拥兵自重的地方就是雍城，只是这个时候，雍城已不是都城，而是秦国的一个宗庙社稷之城。

公元前384年秦献公即位后，改革开放，励精图治，于公元前383年修筑栎阳城，于是秦国的都城便迁到了栎阳。这个栎阳位于今西安市阎良区武屯镇。秦献公去世后，他的儿子秦孝公继承事业，任用商鞅进行变法，鼓励农业生产，削弱贵族和官吏的特权，使贫弱的秦国一跃成为诸国中一个富庶强大的诸侯国。商鞅变法是中国历史中的一件大事，商鞅本人也因此青史留名，而商鞅变法的始作地便是栎阳。栎阳作为秦国的都城有34年，时间不长，但其遗址现在仍可以看到。该城呈长方形，东西长1800米，南北长2200米，通过出土的文物可以判断，当时这里商业比较发达，而且可能是制造兵器的重要基地。

公元前350年，秦孝公决定另建国都，选定咸阳。古咸阳距今咸阳相去不远，位于八百里秦川腹地，因渭水穿南，峻山亘北，山水俱阳，故得名。公元前349年，秦国又迁都。咸阳城初创时期，只有咸阳宫及城门等建筑。公元前338年，秦孝公去世，翌年其子秦惠文王继位，也就是《芈月传》中的嬴驷，芈月的丈夫。秦惠文王及后世继续对咸阳城进行扩建，离宫别馆，亭台楼阁，城垣连绵，隔离天日，乃为当时天下第一都城。后秦始皇据此统一六国，咸阳遂成中原及华夏大地的政治文化军事中心。公元前206年，汉将项羽入咸阳，尽烧秦城，咸阳城遂成废墟。咸阳，一代不世之城，历144年，终于灰飞烟灭。

5．巴和蜀

巴和蜀是先秦时期西南地区少数民族的两个地方政权，后来也成为周朝的诸侯国，位于今重庆、四川地区。东部为巴，国都在江州（今重庆渝中区），西部为蜀，国都在成都（今四川成都）。

巴和蜀两国于公元前316年被秦国所灭，当时正值秦惠文王时期。《芈月传》中曾对这一段历史有所描述。

6．齐国

齐国也是周朝的一个诸侯国，而且是一个大国，春秋五霸、战国七雄都有它的份。齐国地域大致为今日山东省大部、河北省东南部及河南省东北部，它的立国之君便是大名鼎鼎的姜尚，姜太公钓鱼者便是他。

齐国都城是临淄，位于今山东淄博市临淄区。齐国立国800余年，其国都基本就在于此。史书说齐国还有其他的都城，但一为时间短（山东博兴），二为无考（营丘），故临淄当是齐国说一不二的都城了。临淄城包括大城和小城两部分，小城在大城的西南方，两城相连接。大城南北最长处4.5公里，东西最宽处4公里，是官吏、平民及商人居住的郭城。小城南北2.5公里，东西1.5公里，是国君居住的宫城。两城面积合计15.5平方公里。现古城的城墙残垣尚存，夯筑痕迹依稀可辨，有城门13座，与城内道路相通。

若问春秋战国时这临淄的风貌该是如何，有古人描述如下："临淄之途，车毂击，人肩摩，连衽成帷，举袂成幕，挥汗成雨，家殷人足，志高气扬。"哈哈，明白了吧，应该是不比昔日的罗马差多少吧。

公元前221年，齐国作为战国七雄之一最后一个被秦国所灭。

7. 赵国

赵国，战国七雄之一。赵的先祖本也是华夏族的一支，嬴姓，后被封于赵城，便以赵为氏。赵的先人曾侍奉周朝，后不满周幽王的昏庸，便又去侍奉晋国。公元前403年，晋国大夫赵籍、韩虔、魏斯自立，晋国被分裂为赵、韩、魏三个诸侯国，史称三家分晋。

赵国存世于公元前403—前228年，地域大致为今山西北部和中部、河北西部和南部。赵国初都晋阳（今山西太原），后迁都中牟（今河南郑州），又迁都邯郸（今河北邯郸）。

成语邯郸学步讲的就是这个时期的事情。

8. 韩国

韩国也是战国时期的一个诸侯国，七雄之一，始于公元前403年三家分晋。

韩国原先的都城在阳翟（今河南禹县），但在公元前375年时，韩国灭掉了另一个诸侯国郑国，于是便把自己的都城迁到了原先郑国的所在地新郑（今河南新郑）。

由于这座都城曾先后被两个诸侯国使用，所以现在我们称这个古城为郑韩故城。郑韩故城位于今河南新郑市区双洎河（古洧水）与黄水河（古溱水）交汇处，古城平面呈不规则三角形，城墙周长20公里，城内面积16平方公里。城墙用五花土分层夯筑而成，基宽40—60米，高15—18米，看来也是一个颇为壮观的古城。郑韩故城作为都城历500余年，直至公元前230年韩被秦所灭为止。

9．魏 国

魏国也是战国时期的诸侯国，属战国七雄之一。姬姓，魏氏。《芈月传》中的那个魏夫人就是从魏国而来。

公元前403年，魏斯被周王朝封为侯，魏国遂始。公元前225年魏国为秦国所灭，历179年。魏国领地大致包括现山西南部、河南北部及陕西、河北的部分地区。彼时，魏国西邻秦国，东隔淮水、颍水与齐国和宋国相邻，西南接韩国，南面隔鸿沟与楚国接壤，北面则有赵国。魏国都城先有安邑（今山西夏县，其遗址称"禹王城"），后有大梁（现河南开封），故魏国也称梁国。

成语围魏救赵讲的就是围困这个魏国的都城大梁。

10．燕 国

燕国为公元前11世纪武王伐纣后分封的一个诸侯国，位于今北京、河北北部、辽宁西部一带。公元前7世纪，燕国灭掉蓟国，并建都于蓟。传说这个蓟国位于今北京旧城西南广安门一带。注意，这只是个传说。

《芈月传》中，芈月和儿子嬴稷被发配到燕国做人质，母子二人在燕国都城蓟城历尽艰辛、朝不保夕，最后终于从蓟城出逃而回秦国。

古时的燕国就在现在的北京附近，就是我们现在这个地方。那么，这个燕国的都城蓟城在哪里呢？这是本文中从空间上来讲离我们北京的规划师们最近的一个问题，但好像也是个最不好回答的问题。

据传说，现北京旧城西南广安门莲花河一带在古时候有个蓟城，或许就是公元前7世纪被燕国灭掉的那个蓟，这个蓟又被燕国继承下来作为了都城。传说中还有一个著名的蓟丘也好像就在左近。这个蓟是芈月生活过的那个蓟吗？

现天津所辖境内有一个蓟县，与北京平谷区相邻，一字相同，这里是春秋战国时候的燕国都城蓟城所在吗？

北京房山区琉璃河镇有一个西周时期的古城，考古表明它似乎是燕国都城的所在。但出土文物与文献记载中只见"偃"、"匽"或"郾"，它与"燕"是什么关系呢？真的是同音字的讹传吗？这个西周遗址会是《芈月传》中提到的燕国都城蓟吗？

今河北易县东南，发现一个战国古城，经考证为也为燕国旧都，是为燕下都。当年荆轲从这里出发去刺杀秦王，击筑而歌，风萧萧兮易水寒，壮士一去兮不复还。芈月会是生活在这个"燕下都"吗？

时间不够，精力不济，更是学问所囿，我对燕国蓟城这个问题回答不了。无奈之下，我且把这个问题放在这里，请有学问、有兴趣的朋友们来一起讨论作答吧，也算是本文留下的一个作业。

这作业的题目就是：蓟城，蓟城，你在哪里？

注：写于2016年1月4日。

随习近平总书记一起逛逛卢克索

前不久，为中埃建交60周年之庆暨2016中埃文化年开幕式，习近平总书记到埃及的卢克索访问。一时间，电视及网络上频现埃及古城卢克索的场面，尤其是夜晚灯光下的卢克索，更是美轮美奂，让人惊叹不已。是的，卢克索是一个古城，是一个有着4000多年历史的古城，习近平总书记的卢克索之行，又勾起了我们对这座古城的兴趣。好吧，让我们跟着习大大的脚步，来一起探索一下古城卢克索。

1. 先说说古埃及的历史吧

要探索卢克索，好像必须要先了解一下古代埃及的历史才好。古埃及是人类文明的发源地，历史久远又充满神秘，王朝更迭且错综复杂。下面，我们用尽可能简短明晰的语言将古埃及的历史勾勒一下。

大约在公元前5000年左右，尼罗河畔的埃及进入了铜石并用时期，生产工具的改进和灌溉农业的发展，使得社会财富和人口大量增加，贫富分化导致原始社会解体，埃及逐渐进入到了军事民主制时代。后来，在频繁的掠夺战争中，军事首领的权力大大加强，世袭王权和世袭贵族形成，于是产生了早期奴隶制国家。

到了大约公元前4000年左右，在上埃及和下埃及分别形成了两个王国。南方的上埃及以灯芯草为象征，把秃鹰（荷鲁斯神）作为王国的保卫者，国王头戴圆锥形的白色王冠。北方的下埃及以纸莎草为图腾，以眼镜蛇为其守护神，国王头戴红色王冠。上下埃及矛盾重重，双方都想着要吞并对方，建立自己的一统天下。

大约在公元前3100年左右，强人纳尔迈（也称美尼斯）成为了上埃及国王。这是一个非常剽悍的人，而且又有政治头脑。他率领一支强大的军队顺尼罗河而下，经过残酷的战争，终于征服了下埃及，建立了一个统一的奴隶制国家，史称埃及第一王朝。埃及由此进入王朝时期。

大约在公元前2890年，埃及第二王朝开始。这两个王朝构成了埃及的早王朝时期（埃及历史术语）。这个时候，社会有了阶级的划分，产生了国家，尤其是竟然已经形成了一套非常成熟的文字体系。文字学家将古代埃及那美妙如画般的文字称为"象形文字"。

大约在公元前2686年，埃及第三王朝建立，并定都孟菲斯城，逐渐形成中央集权的君主专制国家，这和后来的第四、五、六王朝构成古王国时期。这段时期内，历代国王都建造了大量金字塔。现在的很多人认为这些金字塔是国王自己的陵墓，但也有人提出质疑，认为这些金字塔非陵墓也，实为宗教祭祀建筑，也有人认为是天外来客到地球访问时留下的纪念物。总之，有很多未解之谜。这段时期也称"金字塔时代"。

大约在公元前2133年，埃及开始进入中王国时期，也就是埃及的第十一王朝（与此同时，在亚洲的黄河流域附近出现了一个夏王朝）。

大约在公元前1650年，从埃及的第十七王朝开始进入新王国时期，首都建在了底比斯城。此时，王朝的中央集权制度进一步强化，而人们开始称呼国王为"法老"。

大约在公元前945年，利比亚雇佣军推翻了第二十一王朝，建立第二十二王朝，即利比亚王朝。从此，埃及进入后王朝时期。

大约在公元前525年，波斯军队攻入埃及，灭第二十六王朝，建立第二十七王朝，即波斯王朝。

大约在公元前333年，马其顿年轻的国王亚历山大打败波斯人，攻入埃及，将埃及划为亚历山大帝国的一部分。从此，埃及进入到了希腊罗马时期，法老时代结束。

公元前323年6月，亚历山大在征战途中，突然染病而逝，亚历山大帝国开始瓦解。

公元前305年，亚历山大的部将托勒密继承了亚历山大帝国的埃及部分，建立托勒密王朝。

公元前48年，在罗马军事独裁者恺撒的支持下，埃及艳后克丽奥佩特拉掌握政权。

公元前30年，恺撒的养子屋大维率军占领埃及，埃及艳后克丽奥佩特拉自杀身亡，托勒密王朝结束。从此埃及成为罗马帝国的一个省达400余年。

公元395年，罗马帝国分裂为东西两部分，埃及随即被并入东罗马帝国。

公元642年，阿拉伯人征服埃及，埃及成为阿拉伯帝国的属地，并从此走进埃及历史上的阿拉伯时期。

……

好了，到此为止，因为从这以后的历史有更详细的文字记载，几乎毋庸置疑了，但也离开我们的话题越来越远了，所以古埃及再往后的历史我们就此省略。

2．再来说卢克索

大约在4500多年前，也就是埃及的古王国时代，在上埃及靠近尼罗河畔的一个地方出现了一个小村庄，后来小村庄逐渐发展成了一个城市，并成为左近地区的一个首府，埃及人把它称作"瓦斯"或"瓦寨特"，意为"权杖"。

大约在3500多年前，埃及进入到了新王国时代，此时国力大增，历任法老实行对外扩张政策，终于建立了一个横跨西亚北非的大帝国。这个大帝国的首都就设在这个叫"权杖"的城市，但这个时候，它又有了一个新的名字——"底比斯"。现在的很多专家认为，"底比斯"一词可能来自于希腊语。

底比斯城在这个时候得到了很大发展，据称是当时天下第一大城。它横跨尼罗河两岸，广厦连亘、城门百座、人口众多、市井繁盛，可谓辉煌至极，与今日中国北京大北窑的CBD有一拼。根据考古学家的推测，当时的底比斯城占地大约有8平方公里左右（北京CBD是4平方公里吧？）。

辉煌至极的底比斯辉煌了大约有1500多年，之后它突然衰落，仿佛经历了一场宇宙灾难。到公元元年前后时，往日的底比斯已经不见踪影，连亘广厦已不在，百余城门也不在，人去城空，万物凋敝，只剩下孤零零的几个小村庄了。

一直到公元7世纪时，阿拉伯人来到了这里。他们发现了这个掩埋在黄沙之下的昔日古城，并重新修庙造城，并把这里称作"卢克索"，即阿拉伯语"宫殿"、"城堡"的意思。于是这个叫卢克索的地方在底比斯古城的基础上又繁荣起来，直至今日。

底比斯古城最繁华昌盛的时候虽然是3000多年前的事情了，但如今，我们仍然可以看见它的很多遗址。下面我们简单叙述一下几个底比斯古迹，以领略它往日的辉煌。

① 卢克索神庙

卢克索神庙位于尼罗河东岸底比斯古城的中心，它原先的名字是"南方的圣地"。但阿拉伯人来了之后，把它称为卢克索神庙了。

现在的卢克索神庙大部分是3300多年前建造的，主要是为了祭奉埃及人心中一个很牛的神——太阳神阿蒙。整个神庙南北长200多米，东西宽50多米，以一个轴线贯穿其中。

神庙最引人注目的景点之一是塔门外的两尊拉美西斯二世（法老之一）石头雕像，高约14米，造型精美。另外塔门外的一个高约25米的石头方尖碑也是亮点，因为原来这方尖碑是一对的，但公元1835年时，被法国人放倒了一个，并运到了巴黎。现在在法国巴黎的协和广场上矗立着的那个方尖碑就是这个了。

② 卡纳克神庙

卡纳克神庙也是为了祭奉太阳神阿蒙而建造的，位于底比斯古城的北部。它与卢克索神庙建造的年代差不多，有3300多年的历史，之后历朝都多有添建。原先的埃及人称它为"最美好的地方"，而后来的阿拉伯人称"卡纳克"了，意为"寨子"。

卡纳克神庙号称是埃及乃至全世界最大的一个神庙，它有多大呢？它的占地面积是卢克索神庙的上百倍，有100多公顷。

两排狮身羊头像应该是这里的亮点。有人认为，这些狮身羊头像象征着太阳神阿蒙像狮子一样强壮，像公羊一样温顺，是法老的保护者。

③ 帝王谷和王后谷

几乎是在和建造卢克索神庙、卡纳克神庙同样的时代，法老们开始废弃金字塔形的地面陵墓，转而建造石窟型的地下陵墓。公元1738年，当时的人们在卢克索以西5公里处的山谷中首次发现了法老地下陵墓，之后又陆陆续续进行发掘，迄今已经找到法老陵寝60余座，故这个地方被称作帝王谷。

由帝王谷再往西北方向去，还有一处王后谷，是埋葬王后和妃子之地，据称有墓葬90余座。

这两处石窟墓葬群与底比斯古城（按照现在的说法应该是"核心区"）一起构成了一个完整的人类生活之地，生者、死者，各有所得。尼罗河东岸，繁华辉煌，奢侈铺张，而西岸则渐行渐远，永世安详。

根据粗略估算，底比斯古城、两处石窟墓葬群以及其他的神庙、军事设施、生活设施共覆盖了大约20平方公里的土地。

3．与中国同期的城市作个简单对比

此值中埃建交60周年之际，习大大出访埃及，又于卢克索举办中埃文化年开幕式，是个很有意义的事情。中埃两国都是历史长久文化深厚之邦，借此机会，我们也凑个热闹来将埃及古城与我们中国的古城作一个简单对比。我们找到的这个中国古城是——殷墟。

殷墟是黄河流域民族于商朝后期建设而成的一个都城，位于今日中国河南省安阳市区西北小屯村一带，距今已有3300多年历史，恰好与卢克索同期。公元前14世纪时，商朝帝王盘庚将国都迁至于此（当时此处称殷），至商朝末代纣王被周灭而止，共传8代12王，历273年。周灭商后，曾封纣之子武庚于此，后因武庚叛乱被杀，殷民迁走，此地遂逐渐沦为废墟，故现称殷墟。

殷墟城占地面积约24平方公里，大致分为宫殿区、王陵区、一般墓葬区、手工业作坊区、平民居住区和奴隶居住区等，这与卢克索的城市规模大体相当。卢克索的底比斯古城加上帝王谷、王后谷等地方，规模也在20平方公里左右，这应该是当时的人口数量以及生产力水平决定的。

商王朝时，人们已经具有了相当成熟的文字系统——甲骨文，这和古埃及的情况差不多。底比斯建造的年代，象形文字已经非常发达，甚至可能比甲骨文更进步一些，因为那个所谓的象形文字已经具备了表意、表音两种功能。

商王朝时，人们的审美情趣也有很大提高，非常著名的后母戊铜鼎就是那个时期建造的。而看到底比斯古城里遗留下来的人像、狮身羊头像、方尖碑等雕塑作品，也可以知道，古埃及人在审美水平上也已经进入到了一个非常了不得的地步，抽象与具象兼备，现实与虚幻共存。

比较遗憾的是，殷墟遗址里地上建筑物几乎无存，这主要是因为中国人习惯于用土、木来建造房屋，土木建筑终不能持续太久，而古埃及人已经非常熟练地用石头来建造房屋，且房屋体量巨大。也可能正是由于这个建筑材料的不同而导致了两个古城持续时间的很大差异，殷墟古城只持续了300年左右，而底比斯古城却持续了1500年之久。

另外有一个问题，就是，古埃及人是采用什么方法用石头来建造房屋的，这个问题可能至今还是个谜。在没有起重机、没有滑轮的情况下，古埃及人是如何将几十吨乃至上百吨重的石块举起来的呢？嗯，我们还是耐心地静等考古学家们给出答案吧。

是的，若将底比斯古城和殷墟古城在城市建设方面和文化方面作一个较为详细的对比研究，还是有很多内容的，恐怕要一个鸿篇巨制才可，非此小短文所能及。在这里，只是提个引子，供感兴趣的朋友们参考吧。

注：写于2016年2月3日。

再说古埃及

关于卢克索的那篇文章发表后，很多朋友表示读后似意犹未尽，很多古埃及的事情还没有讲到，不是很完整，于是，我便又翻开书本，更加详细地阅读有关古埃及的故事。是的，古埃及是一个充满神秘的地方，几千年以前，生活在尼罗河畔的埃及人就已经创造出了令后人惊叹不已的成就，在文学、宗教、科学、建筑、雕塑、绘画、音乐、舞蹈等诸多领域都有非常了不起的建树，他们似乎无所不能、无不精通啊。那么，这篇文章就再说说古埃及的一些事情，以期能够对那个时代、那个地方有更多的了解。

1. 关于古埃及的人种问题

古代埃及人是什么人？他们从哪里来？是什么种族？这个问题是很多人都关心的问题，但直到今日，科学家或人类学家们都还没有给出一个特别明确的答案。

曾经有一段时间，尤其是在欧洲殖民者到处横行的时代，社会上普遍认为：古代埃及人是白人，埃及的古文明是白人创造的。因为那个时候欧洲的白人殖民者认为黑人是不可能创造出如此辉煌璀璨的文明的。然而，近年来，有些人类学家通过对木乃伊的骨骼及黑色素测定，认为古代埃及人是黑色种族。从埃及吉萨金字塔旁的狮身人面像，我们或多或少地可以看出，那个人面有黑人的特征，厚唇、圆脸、宽鼻。但这只是一种观点而已。

从流传下来的大量的古埃及人肖像画中可以看出，古埃及人的外表特征并不是单一的，有的颧骨高耸、有的坦平，有的鼻子扁平、有的则呈弓形，有的肤色偏白、有的则是棕色。这些体形特征，如果单单用白人或黑人来解释都显得有些牵强。所以，有人类学家指出：古代埃及是一个多种族的混居地，其种族既有来自南方的肤色较黑的尼格罗人（即黑人），也有来自地中海周围和亚洲的肤色较白的高加索人（即欧洲人）、地中海人（现在理论说地中海人为欧洲人一支）、塞姆人（即闪米特人）等。这些人在长期的混居、融合中逐渐形成了一个新的部族，即古埃及人。造成种族混居的原因与埃及所处的地理位置有关。埃及的北面是地中海，西为利比亚，南接苏丹和埃塞俄比亚，也就是古代的努比亚，东隔红海与阿拉伯半岛相望，东北角通过西奈半岛与西亚相连，是欧洲、亚洲、非洲的交会之地。因此，埃及不可避免地成为周边地区各种族的一个融合之地。

有人类学家认为，从公元前18世纪时起，也就是从古代埃及第十三王朝时起，埃及，尤其是尼罗河三角洲的下埃及地区的居民，其外表特征中白色人种的成分逐渐上升。这说明可能从那时起，亚洲和欧洲的移民开始更多地来到埃及，在尼罗河下游定居，并与当地人通婚繁衍。

很多人对我们人类的起源、发展、迁徙、进化的过程感兴趣，尤其是当一个部族创造出了很辉煌的文明的时候，这个部族的来历就更引人注目。但这个问题确实是一个比较复杂而又难以定论的问题。现在我们中国境内占绝大多数的所谓"汉族"人，他们从哪里来，是如何进化与发展的，这个问题也是有争议的。很多专家认为，我们中国的所谓"汉族"其实也是一个混血而成的民族，而并非由远古时代的一个单一部族逐渐发展起来的。

2．关于古埃及的历史阶段划分

在前一篇关于卢克索的文章中，曾提到了古代埃及的历史。古代埃及从公元前5000年左右开始进入到农业社会，有了奴隶制国家。大约在公元前3100年时，纳尔迈（也称美尼斯）统一埃及，埃及进入王朝时代。从这时候起一直到公元前333年，马其顿的国王亚历山大攻入埃及，埃及进入到了希腊罗马时期，法老时代结束。这2700多年的历史是如何搞清楚的，如何被整理出来的，这个事情恐怕要归功于一位叫马内松的人。

马内松，生于公元前3世纪，是个祭司（可能还是个祭司的头头），同时也是一位历史学家。他在埃及历史编纂的工作上作出了杰出的贡献，与中国的司马迁的作用非常相像，可以说是埃及版的司马迁（马内松比司马迁早100年左右）。

马内松生活的年代，埃及已进入托勒密王朝时代。此时，埃及人已经开始希腊化，写希腊文，说希腊语。马内松受命于托勒密一世，编纂埃及历史。马内松宵衣旰食，遍查古籍，终于完成了用希腊文写就的30卷《埃及史》。这部浩瀚的《埃及史》不但详细记载了埃及从远古时代至托勒密时代的重大事件，而且还详细讲述了古埃及民间的习俗与宗教。马内松将埃及进入王朝以后的历史划分为8个时代、31个王朝，时间跨度为从公元前3100—前333年。

马内松把书写好后，就放在了当时世界上最大的图书馆——亚历山大图书馆内，供学者们参考、转载。但不幸的是，亚历山大图书馆于公元前48年和公元391年两次遭遇大火，马内松的30卷《埃及史》便灰飞烟灭了。好在《埃及史》在其生存年代一直是畅销书，被转载、引用无数，所以，我们今天仍然可以通过其他古籍的转载和引用而窥探到《埃及史》的大部分情况。

当然，关于古埃及的更详细的历史情况，也还要归功于从公元19世纪在欧洲兴起的埃及学。而埃及学的创立者、法国语言文字学家商博良成功释读象形文字，对于我们今日了解埃及、认识埃及更是功不可没。

3．关于古埃及的象形文字
文字是文明的灵魂。正如我们对中国远古殷商时代的解读是靠了甲骨文一样，我们现代人对古埃及的解读在很大程度上则是靠了古埃及的象形文字。

据我们现在所能掌握的材料来看，古代埃及的象形文字大约形成于公元前3000年左右，也就是美尼斯统一上下埃及、埃及进入第一王朝时期。尽管这个年代距离我们很遥远（比甲骨文的产生还要早2000年左右），但我们仍然惊奇地发现，在那个时候，埃及的象形文字已经进入到一个非常完备的阶段，形成了一套完备的象形文字系统。该系统由表意符号、表音符号和限定符号三部分组成。

比如，一个牛的图案后面加上一个小的竖杠就表示牛的意思，这是表意符号。而单独的一个猫头鹰的图案却表示罗马字母m的发音，单独的一张鳄鱼皮图案表示罗马字母km的发音。显然，此时的这些图案已经完全是表音的字母了。如果一个象形文字词汇后面跟了一个眼睛的图案，则表示这个词汇和视觉有关。此时，这个眼睛的象形文字又是限定符号了，它不表示眼睛，但和眼睛有关。

这样一套复杂且完备的系统和我们今天汉字的造字体系几乎如出一辙。汉字中"妈"、"爸"两字中"女"和"父"分别为限定符号（由表意符号转化而来），而"马"和"巴"则明显是发音符号，与词汇本身意义没有关系。再如，汉字"眼睛"、"河湖"等，左边的偏旁部首都是限定符号，而右半部分则都是发音符号。而汉字"日"、"月"、"山"、"水"、"马"、"牛"、"羊"则是典型的象形文字，由象形图案转化而来。

不可否认，象形文字与汉字在表达人类的语言和思想方面，其基本原理是几乎一样的，只是，象形文字的出现比汉字要早了2000年左右，而且其系统好像更加完备，充分考虑了语音问题、表意问题以及词性问题。我们不能不说古埃及人是很牛的。

有学者认为，世界上存在纯粹的表音文字（如英语，其字母99.99%是表音符号，但小心，英语字母也有表意哦！），但不存在纯粹的表意文字。因为文字一定是要记录人类的语言的，不能记录人类语言的声音，而只是通过符号来表达其意，这样的符号系统只能称为"图画"，而不能称为"文字"。我们暂且不去讨论上面这个观点的学术是非，但它确实告诉我们一个道理，纯粹靠符号来表意的文字系统是很难成立的，因为复杂的形体，难以形象，而抽象的概念，又无形可象，于是只有靠声音来表达了，而记录声音的文字就成为表音文字了。古埃及的象形文字与中国的汉字都是如此。

古埃及的象形文字从公元前3000年左右产生，一直被古埃及人使用到公元前4世纪。公元前333年，马其顿的亚历山大攻占了埃及，从此，埃及进入到了希腊化时代，埃及语与古希腊语并用，象形文字与古希腊文并用。公元前30年，埃及被并入罗马帝国，古埃及语言与象形文字日渐式微。公元391年，当时的罗马帝国皇帝狄奥多西一世颁布法令，关闭帝国境内的所有异教神庙，独尊基督。此时，埃及作为罗马帝国的一个省，信奉古代诸神的人已经寥寥无几，只有一些祭司还在坚守工作，学习象形文字，书写象形文字，并记录一些历史。然而皇帝的敕令使这些本来就门可罗雀的神庙也彻底关门，学习使用象形文字的祭司们被解散。随即，又来了一场大火，将亚历山大城（希腊罗马时期的埃及都城）里一座用于存放古代书籍的塞拉皮斯神庙（应该也是亚历山大图书馆的子馆，待考）烧毁殆尽，神庙内古籍，包括马内松的30卷《埃及史》皆被付之一炬。从这以后，没有人再使用象形文字，也没有人能读懂象形文字，象形文字成了死文字。之后的1400多年里，很多对古埃及的历史、文化有兴趣的人都想重新释读这象形文字，但始终不得要领，难入其门。

公元1799年，正是拿破仑率法国军队占领埃及期间，在一次军事工程中意外地发现了一块同时刻有象形文字和古希腊文的石碑——罗塞塔石碑。后来，石碑的拓片被辗转传到了一位少年手中，少年立志要破解象形文字的秘密。于是，经过了二十年的努力，该少年终于如愿以偿，将象形文字重新释读出来。这位少年就是前面提到的法国语言文字学家商博良。

4．关于金字塔

毋庸置疑，金字塔是古埃及文明的最强大的标志。

古埃及人兴建金字塔有个过程。开始的时候是为国王修建陵墓，称马斯塔巴，而且大部分采用砖材。后来，马斯塔巴越修越高，逐步形成了阶梯金字塔，而且为了耐久，所用石材也越来越多。再后来，形状更简洁，变成了方锥形金字塔。

到了第三王朝时代（公元前2686年），古埃及进入了金字塔建设高峰期，金字塔越来越多，越来越高。据统计，现在在尼罗河畔，共有大大小小的金字塔约110座，其中最大的一座金字塔要数吉萨金字塔群中的胡夫金字塔。

胡夫金字塔建于第四王朝第二位国王胡夫统治时期（公元前2586—前2566年），原高146.6米，现为138.75米，基底边长原230.37米，现为227.5米，倾斜角度为51°51′，总共用了230万块石材，每块石材平均重2.5吨，推算其体积为2521000立方米，总重量700万吨。整个金字塔中，石块与石块之间没有任何水泥之类的黏着物，而是靠石块自身的重量叠合在一起。这个金字塔内部也是结构复杂，设计精巧，计算精密，犹如一座宫殿。

由这胡夫金字塔就可以看出，古埃及人玩弄石头的本领是很强的，强大到我们今天都很难想象他们到底是怎样切割、怎样搬运、怎样举高这些巨大沉重的石头的。

和古埃及建造金字塔几乎同时代的中国良渚古城（大约为公元前

2600—前2300年），也是玩弄石头的高手，但他们是玩弄玉石。良渚玉器中，体量最大者也不过是几十公分高的玉琮。这些玉器被用作实用器、陈设器、礼器或明器，还只是单一的物件。如果将良渚人的玉器与古埃及人的金字塔在生产力方面进行比较的话恐怕就不是一个层级了，显然，古埃及人的生产力要远远大于良渚人。

良渚玉器的生产过程也有让我们今人难以想象的情况，在没有青铜、没有铁器的时代，对硬度超过一般岩石的玉料是如何进行加工的，这也是一个谜。

尽管金字塔是古埃及的强大标志，但它并不是古埃及人独有的标志。

南美洲的卡拉尔古城，其活跃年代为公元前2600多年前，恰好与埃及金字塔时代和良渚古城时代同期。在卡拉尔古城的中心区，建有6个大型金字塔，最大的金字塔高约18米，底座足可以覆盖4个足球场，在这些金字塔上布满了迷宫般的房间、庭院、楼梯和其他结构设施。尽管从高度来说，卡拉尔古城的金字塔远不如胡夫金字塔，但两者的建筑形态多有类似之处，颇值得深思。

中美洲地区的玛雅文明（全盛期为3世纪—9世纪末，比古埃及金字塔时期晚了大约3000年）也是盛产金字塔，据考古学家们判断，这一地区大概有10万座金字塔矗立在崇山峻岭和热带雨林之中。

如此多的文明发源地都出现了金字塔这个建筑形态，是巧合呢还是冥冥之中有某些联系？这又是一个费解的难题，等后人来解吧。

5．古埃及人的审美与崇拜

古代埃及的艺术也和古埃及一样，源远流长，随着古埃及文明的发展，其艺术水准也达到了世人仰慕的高度。从现存的文物古迹中，我们可以断定，古代埃及的音乐、舞蹈，甚至戏剧一定都有不凡的成绩。但这些主要靠声音和听觉来感受的艺术形式，我们现在只能凭借造型艺术中的线索来想象了，如壁画中的舞伎、浮雕上的乐师、莎草纸上或铭文里记载的剧本片断等。尽管音乐、舞蹈、戏剧需要我们今天的人根据线索去想象，但古埃及人创造的雕塑、绘画、浮雕等造型艺术，现在依然长存人间。我们可以清楚地看到，这些艺术品，个性鲜明、手法纯熟、寓意深刻，至今仍散发着恒久的、夺人心魄的魅力。

古埃及的象形文字本身也是艺术品。在世界范围里，各大文明的艺术多多少少地都有"书画同源"的倾向，文字既是工具，也是艺术。古埃及象形文字中的每一个象形符号本身就是一个小小的图画，将这些小小的图画组合起来，既是历史的文字记录，同时也是一件视觉艺术品。"字"与"画"已浑然一体、相得益彰。古埃及的这种"书画同源"的现象在现今中国的书法艺术中仍然可以看到。

公元前3000年左右的"国王纳尔迈岩板"是我们现在仍然可以看见的一件古埃及浮雕艺术品。该岩板正面及背面均刻画了国王纳尔迈征服下埃及的武功及盛大的庆典和祭祀活动。这块岩板既是上埃及征服下埃及从而统一国家的一个标志，也是古埃及在雕塑领域里的一个里程碑。这幅浮雕作品已经呈现出诸多新的艺术特点，如，对于事件的描写采用了分场面来处理的形式，每个场面各自独立，但同时又是整个作品中的一个有机部分；每个场面的描写以"格层式"来划分，既分割明确，又可以互相之间有一种承上启下的作用。在中国敦煌的莫高窟里，有一幅壁画叫《舍身饲虎》，其绘画的手法与这个"国王纳尔迈岩板"很是相近，但这幅壁画是公元10世纪左右的作品了，比岩板要晚了4000年。

古埃及人在长期的生产和生活中，逐渐酝酿出一种对植物、动物和大自然的崇拜。

古埃及盛产纸莎草，这是一种类似芦苇的水生莎草科植物，多年生，绿色，长秆，叶呈三角，茎中心有髓，白色疏松，切茎即可繁殖。古埃及人把纸莎草茎的硬外层除去，将里面的髓剖为长条，彼此排列整齐连接成片就造出了可以书写文字的莎草纸（感觉比中国东汉的造纸术要早了好几千年啊！）。莎草纸为古埃及的文明发展立下了汗马功劳，及至后来的古希腊人、古罗马人、阿拉伯人都曾经用它来书写。所以，古埃及人对纸莎草甚为崇拜，在很多神庙里的石头柱子上都可以看见以纸莎草为原型的装饰图案。

古埃及人对动物同样也产生了崇拜，比如狮身人面像、狮身羊头像等。鹰、蛇这些动物也都是古埃及人的崇拜对象，进而演变为他们的图腾。

金字塔和方尖碑被一些学者认为是体现了古埃及人对人体器官的崇拜，但也有可能是体现了对大自然的崇拜，如山峰、树木。太阳则更是古埃及人崇拜的对象。

假如将人类审美（也有崇拜的成分）的进程分为"模拟"、"重复"、"重塑"和"解构"几个阶段的话，显然古埃及人已经达到了"重塑"这样一个阶段，狮身人面像与狮身羊头像是对动物的一种"重塑"，而金字塔和方尖碑则更是古埃及人对大自然的"重塑"。将自然的具体形态"重塑"为人为的抽象形态，是人类在审美方面的一大进步。

6. 古埃及的城市

伴随着古代埃及文明的发展，古埃及人也建造了众多的城市。由于尼罗河是哺育古埃及文明的母亲河，所以这些城市大多位于尼罗河畔或尼罗河三角洲一带，有都城，有宗教之城，有港口城，有专门为修建金字塔而建造的工人城，洋洋大观，璀璨如繁星。下面简单介绍几个，以期管中窥豹。

①希拉孔波利斯：鹰之城

希拉孔波利斯古城位于尼罗河西岸，在上埃及底比斯古城以南约60公里处，今天这里称考姆艾哈迈尔。"希拉孔波利斯"一词源于古希腊文，意为"鹰之城"，而古埃及人则称这座城市为"涅亨"，也是"鹰（荷鲁斯神）之城"之意。显然，希拉孔波利斯是上埃及荷鲁斯神的崇拜中心，在埃及历史上具有重要的宗教和政治意义。

希拉孔波利斯的前王朝（约5500年前）遗迹包括中心城市及近郊，面积约5.08万平方米。到古王国时期（约4500年前），城市中心约北移400米。新城平面为不规则长方形，面积达6万平方米。土坯城墙一般厚3—6米，最厚处达9.5米。城内街道狭窄，土坯房屋密集。在城南角一段石护墙后有一土台，可能是城市保护神荷鲁斯神庙的基址。

②孟菲斯：美尼斯之城
孟菲斯位于尼罗河三角洲南部，在上下埃及交界的地方，现在的开罗以南。公元前3100年，上埃及一个首领美尼斯（自称纳尔迈）经过征战，统一了整个埃及，于是兴建孟菲斯城。后古王国时期、中王国时期都建都于此（大约公元前27—前16世纪），历1100年左右，为当时古埃及的政治、宗教、文化中心之一。

③卡洪城：为金字塔而建的城市
卡洪城位于尼罗河西岸，北距开罗100多公里。是中王国时期塞索斯特里斯二世（公元前1877—前1870年在位）时期兴建的金字塔工人城，为当时修建金字塔的工人及大小官吏所居住使用。现除城东南角遭到破坏外，大部分保存完好。

卡洪城平面为规则的矩形，城墙南北长约250米，东西宽约350米，可容纳人口约2万。城内街道井然，布局有秩，分别有一般工匠居住区、高级官吏居住区、商业区、国王行宫等。可以看出，其城市是按照严格的规划而建设，也反映出了当时社会的阶级差别。

④底比斯
上一篇文章已经介绍，这里飘过。

⑤阿马尔奈：太阳神之都

阿马尔奈古城位于开罗以南287公里的尼罗河畔。第十八王朝法老埃赫那吞在位时（约公元前1379—前1362年在位）曾将首都从底比斯迁移于此。图坦卡蒙（约公元前1334—前1323年在位）继位后，又将首都迁回底比斯，阿马尔奈遂被废弃。

阿马尔奈古城分布在尼罗河两岸。东岸为城市的主体部分，东西宽约5公里，南北长约13公里。城市中心建筑区紧临尼罗河，其中最大的建筑为阿吞大神庙，也就是新太阳神神庙，神庙全部用石灰石建成。埃赫那吞法老以阿吞大神庙为基地进行了一系列的宗教改革，主张所有人平等，反对战争，但改革最终失败。城市中还分布着宫殿、园囿、贵族宅邸、平民住宅以及墓地。很多重大建筑物的墙壁、地板、顶棚上都画有壁画或刻有浮雕，都是艺术杰作。

在阿马尔奈遗址中，还发现了许多文字材料。其中，在一个档案库里就发现了300多块用楔形文字书写的泥板文书，记述了当时两河流域的城邦与埃及的外交往来事件。这说明，当时，两河流域与古埃及的交往还是很密切的，两种文化也多有交融。

⑥塔尼斯：拉美西斯之家

塔尼斯（也称达贾奈特）位于尼罗河三角洲东北部，兴建于约公元前12世纪，是一个港口城市，为内地与海外进行通商贸易的枢纽。后成为拉美西斯家族历代法老的所在地，也即实际上的首都。

在古代埃及，像塔尼斯这样的港口城市还有很多，如瓦滋特、赛斯、布西瑞斯、阿里比斯、美顿斯等。

7．小结

其实，古埃及的文明成就远远不止上面讲到的这些领域，它还在天文、历法、数学、音乐、文学、教育等领域都有不凡的建树。这些成就，就是用我们今天现代人的才能智慧来考察的话，也可以说是达到了辉煌、极致的境地，甚至有些成就简直就是匪夷所思、自叹不如。

我们今日的人类达到了一个什么样的进步程度呢？其实，仔细想想后，可能就是一些在微观世界的发现可以和古人来论智商了，如电子的发现、电磁波的发现、核能的应用等。有了这些发现，我们今日的人类得以使用电力，可以进行无线通信，可以使用强大的能源。而除了这些外，我们在审美、信仰、宗教、文学、思想意识、社会管理等等方面与古埃及人相比并不优越到哪里啊。当然，这只是一个非常幼稚的对比思考，不可做严谨的学术研究。

写此介绍古埃及的小文章，算是对上一篇关于卢克索文章的一个补充，还请诸位朋友多多指正啊！

注：完成于2016年3月2日。

两河流域的古城

1. 前一篇文章引发的一些讨论

前一篇文章讲了讲古代埃及的一些事情，其中讲到古埃及的城市璀璨如繁星，这话应该不假。除了文中提到的那些城市，如希拉孔波利斯、孟菲斯、卡洪城、底比斯、阿马尔奈、塔尼斯外，在尼罗河畔和尼罗河三角洲地区还分布了众多的大大小小的人类定居点，其实它们都已经具备了基本的城市特征，只是规模不等罢了。

文章还引出了一个话题，即城市是人类进入文明社会的标志，但不是唯一的标志。这句话应该有道理。一般认为，文明社会的标志或要素是金属工具、比较成熟的农业、城市的出现、文字的应用、社会管理（国家、军队等）等，有了这几样东西，或其中的几样，我们就可以说文明了。

卢梭说，将一块地圈起来并声称是自己的，并让周围的人也认可这件事，此时已经开始文明了。这是从生产关系上来看，即私有制的产生。私有制的产生就意味着文明吗？也有一些道理的。人有了私有意识，便部分地脱离开了群体，不再群居，划地为个人或家庭的小圈子，有些财物不再是群体共享，这是人类的进步。而正是这一进步，使得人类开始陷入了在利益分配上面个体与群体、个体与个体无休无止的纠缠之中。

上一篇文章中还提到这样一句话，文字是文明的灵魂。有朋友不解，要我详细解释，何以这文字就成了灵魂呢？美国人刘易斯·亨利·摩根（Lewis Henry Morgan，1818—1881年）在其《古代社会》中说：人类社会要经过三个阶段，蒙昧阶段、野蛮阶段、文明阶段，而文明阶段始于标音字母的发明和文字的使用，直至今天。以摩根的观点来看，文字的发明和使用是人类进入文明阶段的一个前提或标志，也就是说，文字是人类文明的一个至关重要的因素。我也是持和摩根同样的观点。文字与其他文明社会的要素稍有不同，因为文字使得人类不止着眼于当下的事物，而是促使人类更多地关心历史和未来，这就是文字的功效，也就是为什么说文字是文明的灵魂的原因。

恩格斯有个论断：国家是文明社会的概括。但看看恩格斯的全句就会明白恩格斯的重点在哪里。恩格斯说："国家是文明社会的概括，它在一切典型的时期毫无例外地都是统治阶级的国家，并且在一切场合在本质上都是镇压被压迫被剥削阶级的机器。"显然，恩格斯这里讲的是国家的功能，指国家是一个阶级压迫另一个阶级的工具。国家也是文明社会的一个标志，当文明发展到一定程度时，国家就产生了。但我不认为国家是文明的灵魂。

好，言归正传，今天的这篇文章主要是想介绍一下两河流域的古城。

2．两河流域的地理位置

在人类的历史长河中，我们可以看到，人类文明的发源往往和河流紧密相关。古埃及文明紧紧靠近尼罗河，古印度文明紧紧靠近印度河和恒河，黄河和长江则哺育了华夏文明，而在西亚地区，也有两条大河汤汤流过了一个叫"美索不达米亚"的大平原，从而使这里成为了人类文明的最早发祥地，迄今为止，没有之一。

所谓的"美索不达米亚"其实是古希腊语，其中的"美索"是"中间"或者"两者之间"的意思，而"不达米亚"则是"河流"的意思。显然，"美索不达米亚"就是"两河之间的地方"了。而这两条河就是著名的底格里斯河和幼发拉底河了。

底格里斯河和幼发拉底河这两条大河都发源于小亚细亚东部的亚美尼

亚高原，高原上雨水充沛、气候湿润，丰沛的降水灌注到了两条大河之中，使得两条大河从高原奔腾而下，之后，又流入了平缓的南部沙漠平原。两条大河就像两条生命之藤，在荒凉、贫瘠、干旱的沙漠里蜿蜒着、喘息着、奔流着，向着南方的波斯湾顽强地流去。就这样，过去了几万年，也可能是几十万年甚至上百万年，逐渐地，在两条河流的下游，由于泥沙的淤积，竟然形成了一个土壤肥沃、植物繁茂的大平原。

这个大平原就是"美索不达米亚平原"，或者称"两河流域平原"。这两个词的含义其实完全一样，无非一个音译、一个意译罢了。

现在，"两河流域"基本上就是伊拉克这个国家的所在地。

3. 两河流域的历史
说完两河流域的地理位置，再来说说两河流域的历史概况。

若说起两河流域的历史，也是一言难尽啊。从历史记载看，这个地方最先出现的文明是苏美尔人创造的，之后便辗转传续、滋生蔓延达8000多年。期间，许多部落、王国乃至帝国都曾对这一地区进行过统治，风水轮流转，但其文明的种子还是苏美尔人的种子，文化的脉络大体延续，直到亚历山大的到来。下面是两河流域地区的一个大致的历史朝代线索，不一定十分准确，只是有助于了解那个时候的城市所处的历史环境。

约公元前8500—前2360年左右，苏美尔时期，这是两河流域文明最初萌芽的时期，漫长但很美好。此时，著名的古城乌尔城已经开始形成。

约公元前2350—前2200年左右，阿卡德时期。

约公元前2200—前2007年，库提人、乌鲁克人、苏美尔人、埃兰人先后统治两河流域，所以，此段历史可以称为战国时期。这个时期，苏美尔人的乌尔城得到很大发展。

公元前1894—前1595年，古巴比伦王朝时期。这个时期，巴比伦城兴起，现在仍举世闻名。

公元前1595年前后，短暂的赫梯帝国时期。

约公元前1590—前1490年，100年左右的混乱时期。

约公元前1490—前1000年左右，加喜特人统治时期。

约公元前1000—前612年，新亚述时期，也是亚述帝国的最后一个阶段。这个时期，亚述人统治两河流域，其都城尼尼微得到发展。

公元前626—前539年，新巴比伦王朝时期。这个时期，巴比伦城复兴，又辉煌一次。

公元前539—前330年，波斯帝国时期。

公元前330年，亚历山大大帝率军横扫地中海沿岸、小亚细亚、西亚及印度河恒河流域，绵延8000余年的两河流域文明史终于画上了句号。

4. 两河流域的城市
①乌尔城

在两河流域，我们可以看到很多古代城市遗址，乌尔城就是其中之一。乌尔城位于今天伊拉克首都巴格达东南方向300公里的穆盖伊尔，距今有6000多年的历史。很多人认为它是这一地区，甚至是全世界最早出现的城市了。是的，乌尔城的历史是相当早的，但它是否是世界上第一座城市，这个问题曾经在前几篇文章中论述过，所以，我们只能说，是最早的城市之一吧。

乌尔城是苏美尔人建造的一座城市，其起源最早可追溯到公元前4000年左右。《圣经》中记载，希伯来人的始祖亚伯拉罕就出生在乌尔城。但这段历史现在还无法证实，只能是传说。后来到了乌尔第三王朝时期，统治者是乌尔纳姆（约公元前2113—前2096年在位），乌尔纳姆统一了两河流域，建立了强大的中央集权政权，并进一步全力打造乌尔城。

乌尔城靠近幼发拉底河，平面呈不规则椭圆形，像一枚树叶，其南北最长处1000米，东西最宽处约600米，总面积有88公顷。城周围修筑有约8米高的围墙，总长约2公里。城内建有宫殿、塔庙、码头、居住区及陵寝等建筑，街道宽在3米左右。乌尔城中的重要建筑是用泥土烧制的砖块建成，而砖块之间的粘合剂则是沥青。而普通建筑则是用软泥晒干制成的砖块建成。普通房屋一般都没有窗户，采光是靠天井。乌尔城内的居民估计有3万左右。乌尔城外是农田和农舍，估计当时有大约20万的农民居住在乌尔城外，农舍是用芦苇搭建而成。乌尔城在其最鼎盛时，成为当时两河流域南部地区的宗教商业中心，也是这一地区最富庶、最具有代表性的城市之一，是人类早期城市生活的一个模式和缩影。

乌尔城辉煌的历史并不长，也就100年左右。公元前2007年，苏美尔人的乌尔城被一个叫埃兰的部落攻下，从此，乌尔城一蹶不振。

到公元前4世纪时，幼发拉底河泛滥改道，乌尔城也随之遭到破坏。于是从那时起，乌尔城便更加衰落，直至最后退出历史舞台。

公元20世纪初时，英国和美国的一些考古学家对乌尔城进行了大规模的考古发掘。考古发现，尽管经历了几千年的岁月，这个古老的城市及其他的一些建筑还依稀存在、有迹可循。尤其是其中的乌尔王陵和乌尔塔庙这两处建筑保存相对完好，为今人了解两河流域的历史，了解苏美尔文化提供了有价值的实物资料。

在乌尔第三王朝乌尔纳姆统治时期，还为我们留下了一份珍贵的文化遗产，即《乌尔纳姆法典》。该法典是迄今所知世界上最早的一部成文法典，比著名的《汉谟拉比法典》还要早300多年。

②巴比伦

古巴比伦城位于幼发拉底河的东岸，现伊拉克首都巴格达南约50公里处。

公元前2200年前后，从两河流域西部的叙利亚草原来了一支部落，这支部落叫"阿摩利"。阿摩利人在两河流域的南部扎了下来，但他们并不安于平平稳稳地过日子，他们要有自己的地盘，有自己统治的地域和资源。终于，在移民到两河流域的200年后，阿摩利人抢占了一座位于幼发拉底河河畔的小城，这个小城的名字就叫"巴比伦"，意思是"神之门"。大约在公元前1894年，阿摩利人首领苏姆阿布姆在巴比伦小城建立了巴比伦王国。之后，巴比伦王国继续扩张，又相继占领了诸如马里、伊新、拉尔萨等城。就这样，巴比伦王国达到了鼎盛，成为两河流域文明史中一个辉煌的里程碑。

巴比伦王国最为辉煌的时期是在国王汉谟拉比（公元前1792—前1750年在位）统治时期。这个汉谟拉比也是个喜欢独裁专权的人物，他在位时，努力打造一个高效率的官僚体系，比如，由国王直接任免各种官吏，派王室官员和国王代表监督地方行政；百姓可直接上书国王反映地方官吏的不公；加强对神庙经济的控制，使之成为王室经济的附庸；编纂和颁布法典，维护社会秩序；实行分地域军事义务相结合的制度，以解除国王常备军的后顾之忧。当然，汉谟拉比最引人注目的一个成就是他颁布了《汉谟拉比法典》。

但在汉谟拉比死后，古巴比伦王国便逐渐衰落。公元前1595年，巴比伦城被新兴的赫梯帝国攻占。古巴比伦王国存世时间并不很长，恰300年，但它在人类文明史上写下了重重的一笔，对西亚各国及周边地区都产生了很重要的影响。这个时期，古巴比伦人对数学、哲学、神学、物理学和建筑学都有很大的贡献。

古巴比伦王国灭亡后，巴比伦地区先后被赫梯人、加喜特人、亚述人统治，直到公元前7世纪。这时，闪米特部族中的一支称迦勒底的人在其头领那波帕拉萨的带领下来到了巴比伦地区。公元前630年，趁亚述帝国内乱之机，逐渐取得了对巴比伦地区的控制。公元前626年，迦勒底人在这个地区建立迦勒底王国，国都就在原先古巴比伦城旧址之上，所以历史上也称"新巴比伦王国"。

新巴比伦王国建立并统治两河流域后，其文化上有一段辉煌的发展。也正是因为如此，后世称之为新巴比伦帝国。新巴比伦帝国最有作为的国王是尼布甲尼撒二世（公元前630—前562年在位）。

这个尼布甲尼撒二世曾于公元前597年和公元前586年两次率军攻入耶路撒冷城，灭掉了以耶路撒冷城为首都的犹太王国，并下令把犹太人中所有的贵族、祭司、商贾、工匠一律作为俘虏，成群结队地押解到巴比伦城作为奴隶使用，而只剩下一些极贫苦的人留在耶路撒冷。将大部分犹太居民掳往巴比伦作为囚役，这一事件就是历史上著名的"巴比伦之囚"，也是犹太历史上永远也抹不去的一个伤痛。

尼布甲尼撒二世还注重国内建设，公元前587年重新修建完成的巴比伦城是古代西亚最大的城市。它的城墙有内外两层，外墙顶上可容两辆马车并驾齐驱，城内有1000余座神庙，居民达50万之众。

还有一条关于新巴比伦王国的最重要的消息就是那个被称为古代世界七大奇观之一的巴比伦空中花园。但这个空中花园只是个传说，考古学家和历史学家都还没有给予证实。据说，这个空中花园是尼布甲尼撒二世为了他的妻子而建，而这个妻子是米底国的一位公主。公主美丽可爱，深得老尼宠幸，可是时间一长，公主却渐生愁容。老尼一问方知，原来公主患了思乡病。老尼爱妻心切，于是命令工匠按照米底国山区的景色，在巴比伦的宫殿里建造了一个层层叠叠的阶梯形花园，花园里面栽满了奇花异草，并有幽静的林荫小道，小道旁是潺潺流水。老尼甚至命令工匠在花园中央修建了一座城楼，城楼高耸入云，覆以金顶，给花园又增添了一道亮丽的景色。然而，最令人称奇的是花园的供水系统。因为巴比伦雨水不多，而空中花园又远离幼发拉底河，所以空中花园内有不少奇妙的输水设备。这些输水设备靠奴隶们不停地推动连着齿轮的把手，把地下水运到最高一层的储水池，再经蜿蜒的小溪灌溉花草，最后经人工河流返回地面。巧夺天工的花园终于博得公主的欢心，老尼也心满意足。由于这个花园比宫殿的宫墙还要高，给人感觉仿若整个花园悬挂在空中一般，因此被人们称为"空中花园"。据传说，当年到巴比伦城来朝拜、经商或旅游的人们老远就能看到这个空中花园，尤其是那高耸入云的城楼，在阳光下熠熠生辉，美轮美奂。然而，这个美丽的故事到现在为止还只是一个传说而已。考古学家和历史学家从大量的泥板文书中，始终没有找到关于这个"空中花园"的记载。那层层叠叠的花园、那高耸入云的城楼、那奇妙的输水设备以及那蜿蜒的小溪恐怕都只是后人的猜想了。而这个传说则是来自于公元前3世纪时的一位古希腊旅行家昂蒂帕克。昂蒂帕克在周游世界后，指出世界上有七处宏伟巨大的人造景观，并将之称为"世界七大奇迹"，而这个巴比伦"空中花园"便是其中之一了。只是我们不知，这个"空中花园"是昂蒂帕克亲眼所见呢，还是他道听途说而来。

新巴比伦王朝维持了不长的时间就开始走下坡路了。王朝末年，国内矛盾日益尖锐，国力渐衰。公元前539年，波斯王居鲁士率军入侵，竟然兵不血刃地轻取巴比伦城。新巴比伦王朝灭亡。新巴比伦王朝从公元前626年建立到公元前539年被波斯人打败，期间只经历了87年。

巴比伦城在经历了两次的辉煌之后，终于走向衰落，渐渐地湮没在黄沙之下。20世纪70—80年代，伊拉克政府制定并实施了一项修建巴比伦遗址的计划，在遗址上仿建了部分城墙和建筑，在城内修建了博物馆，陈列出土的巴比伦文物。但如今，战争又起，古巴比伦城又陷入战火之中，其结局让人堪忧。

③尼尼微

公元前3000年左右，还是所谓的苏美尔时期，一支名为"胡里特"的部落在两河流域的北方、底格里斯河中游地区定居了下来。后来闪族人的一个部落也加入到了他们的中间，两个部落逐渐融合，形成了一个新的部落。这个部落说阿卡德语，但有很强的口音，写楔形文字，但又变化和发展了楔形文字。公元前2500年左右的时候，这个部落建立了自己的城邦，取名"亚述尔"城，于是这个部落也就叫"亚述"了。到了公元前19世纪末时，沙姆希亚达德一世建立亚述王国。这之后，亚述迅速发展起来，成为两河流域北部一个比较强大的王国，版图南及阿卡德，西达地中海。但之后不久，古巴比伦王国兴起，其势力更为强大，版图囊括两河流域的中下游，亚述只得低下头向古巴比伦称臣。

到了公元前14世纪中叶，古巴比伦王朝覆灭，亚述人开始翻身。亚述人先后击败米坦尼王国、加喜特王国、赫梯帝国，终于占领了两河流域大部分地区。到了公元前1000年左右的时候，亚述开始统治两河流域，成为这一地区新的霸主。

亚述帝国对人类文明的贡献之一是它大规模地建设了首都尼尼微。

尼尼微，位于底格里斯河上游东岸，与现在伊拉克的摩苏尔城隔河相望，南距巴格达360公里。这座古城，其历史是相当相当久远了。据说，在公元前40世纪前，这里就有居民了。到了公元前19世纪末沙姆希亚达德一世建立亚述王国时，将尼尼微作为夏都。公元前8世纪末时，当时的亚述王辛那赫里布（公元前704—前681年在位）将亚述帝国的首都迁到尼尼微，而原先的亚述尔城则成为亚述帝国的宗教文化中心。此后，尼尼微经过历代帝王扩建，日益发展，逐渐成为亚述帝国的政治、经济中心，也是西亚地区的一个重要的商品贸易集散地，繁华似锦、盛极一时。

公元前612年，新兴的米底王国和新巴比伦王国结成联盟对亚述帝国进行打击，亚述帝国的宗教文化中心亚述尔城和首都尼尼微城先后陷落。当联军攻入尼尼微时，亚述最后一代帝王辛沙里施昆（公元前627—前612年在位）眼看大势已去、无力回天，为了不被生擒，竟然绝望地跳入了火海，以身殉国了。尼尼微被联军洗劫一空，之后又被付之一炬，一代名城尼尼微和那个曾显赫一时的军事帝国亚述一起，就此灰飞烟灭。正如《圣经》所曰："耶和华必伸手攻击北方，毁灭亚述，使尼尼微荒芜，干旱如旷野。"

公元19世纪中叶，法国人波塔和英国人勒亚德分别对尼尼微遗址进行了考古发掘。

他们先是发掘出了大量的浮雕、壁画，其中有公牛像、大胡子人像、带翅膀的狮身人面像以及记载亚述历史和神话的画像。这些浮雕壁画的数量惊人，如果把它们一幅接一幅地排列起来，其长度可达3.5公里。

考古人员继而又发掘出三座宫殿、两座神庙及图书馆等建筑。其中城南的辛那赫里布宫殿占地约1公顷，有71个房间，27个入口，每一个入口都由巨大的牛、狮或者狮身人面石雕卫士守卫；宫殿四周则花园环抱，园林水源充足，葱翠繁茂；宫殿内房屋设施舒适，由水井、滑轮、吊桶等物构成的一套精致的供水设施将水送到国王的浴室，浴室内有淋浴设施，格子窗和通风设备可以不断向室内送入新鲜空气，一个带轮子的移动火炉还可以在寒冷季节为房间供热。两座神庙分别为文字神纳布庙、爱与战争女神伊丝塔尔庙。而图书馆里的图书则从语言、历史、文学、宗教到医学，无所不有，百科俱备。

考古发掘还显示，尼尼微城平面呈不规则形状，占地约7.5平方公里；城墙长12公里，有内外两重，外墙带雉堞，间有城塔，内墙为土坯高墙；城门有15座，其中5座已经发掘；城中还有动物园、植物园、武器库及排水设施。

仅由以上信息可以看出，尼尼微城在当时可谓极尽繁华、富甲一方。

但如今呢？如今，这座古城又陷入了战火之中。

5．小结

这篇文章介绍了三座两河流域的古城，分别位于今日伊拉克的南、中、北部。两河流域是人类文明的摇篮，1万年前，最早由苏美尔人创造的文明经过了8000年的雨露滋润、风火侵蚀，滋生、蔓延、变化、承续、消顿、复兴，最终在公元前4世纪时终止（以楔形文字的终止为标志）。虽说是终止，但它并没有死亡，而是与另外一个文明融合了在一起，并在其中继续生长和延续。两河流域文明中，除了城市建设领域外，其他领域也都成就斐然，如数学、天文、物理、哲学、宗教、文学、医学、农业技术、语言文字、社会管理等，这些成就对我们整个人类的发展起到了巨大的促进作用。

写这样一篇介绍文章，意义很大，但也着实枯燥劳神，最后附上一首歌作为文章的结束吧！

我给你的爱写在西元前
深埋在美索不达米亚平原
几十个世纪后出土发现
泥板上的字迹依然清晰可见

古巴比伦王颁布了汉摩拉比法典
刻在黑色的玄武岩　距今已经三千七百多年

你在橱窗前　凝视碑文的字眼
我却在旁静静欣赏你那张我深爱的脸

经过苏美女神身边　我以女神之名许愿
思念像底格里斯河般的漫延
当古文明只剩下难解的语言
传说就成了永垂不朽的诗篇

我给你的爱写在西元前
深埋在美索不达米亚平原
用楔形文字刻下了永远
那已风化千年的誓言
一切又重演

注：写于2016年5月19日。

耶路撒冷的开头

1. 引子

大约一年前，我在书店里看到一本书，《耶路撒冷三千年》，书很厚，还是塑封，心想一定不错，应该看看，于是拿了一本。走出没多远，忽然心中一动，遂又折回去，又拿了一本。第二天，我将其中一本送给了一位女同事，并嘱咐好好看看学习。

半年前，也就是这事儿的半年后，我见到这位女同事，问起这本书，女同事莞尔一笑，说还没拆封呢。我想也是，我自己的那本也还在书架里放着呢，也没拆封呢。自己本也不勤奋，不好责怪他人了。不过这以后，我明白了一个道理，即，给女同事送礼物，不要送书，要送巧克力。

前不久，终于把这本书拆了封，开始看，这书真够厚的，一年半载看不完，一个月下来，还只是看了个开头。不管怎样，开头就好，我就把这书的开头部分整理一下，供大家和那位女同事参考吧。

2. 耶路撒冷是这样开头的

公元前5000年时，现在的耶路撒冷所在的地区就有人类居住。当时这个地区叫迦南，大致包括现在的以色列、巴勒斯坦、黎巴嫩等国。

公元前2000年左右，有一支游牧部落从两河流域的乌尔城那边游荡过来，来到了迦南地区一个泉水（基训泉）的周边定居下来。原先在这里的迦南居民把这支新来的部落叫"希伯来人"，意思是"从河那边来的人"。这新来的希伯来人有很多特点：①懂历史，希伯来人知道自己的祖先是亚伯拉罕，亚伯拉罕是人类的先知，就是有学问的人，他有两个儿子，大儿子叫以实玛利，以实玛利的后代就是后来的阿拉伯人，小儿子叫以撒，以撒的后代就是希伯来人；②讲究卫生，希伯来人喜欢干净，不论是公共卫生还是个人卫生都很在意，吃饭也很讲究，哪些可以吃，哪些不可以吃，戒条很多；③智商高，希伯来人是全世界平均智商最高的种族，平均智商高达125以上（中国人现在的智商平均值是105）；④这些人很抱团，喜欢集体行动，有一种天生的宗教和集体信仰情结；⑤希伯来人办事极为认真，而且勤奋、吃苦耐劳。

公元前1700年左右，从亚洲西部兴起的一个民族喜克索斯人在埃及站住了脚，并建立了古埃及第十五和第十六王朝（约公元前1674—前1548年），于是居住在迦南地区的希伯来人也大量地进入到了埃及。至于为什么这么多的希伯来人要到埃及，我还说不太清楚，有说去帮助喜克索斯人统治埃及的，有说去逃难的，有说去打工的。

希伯来人开始在埃及时，生活尚可，有一定的社会地位，但逐渐地，随着古埃及第十六王朝的覆灭，希伯来人便不受欢迎了，后来每况愈下，逐渐地竟沦为了奴隶。

公元前1450年前后，在埃及的希伯来人中间诞生了一个小孩叫摩西（我推算，摩西诞生的年份应该在公元前1470年左右）。摩西看到希伯来人在埃及受苦受难，于是决定带领他们逃离埃及人的统治，返回迦南老家。这个故事就是圣经里最有名的《出埃及记》。摩西带领希伯来人返回家乡的路途很艰辛，渡过红海，走过旷野，用了大约40年（有人说，摩西故意绕远儿，也许吧，圣人的心往往猜不透）。当走到西奈半岛时，摩西受到上帝的训诫，上帝说迦南是希伯来人最终的生活之地，并将这块地许给摩西。摩西看到自己的决定与上帝的意志不谋而合，备受鼓舞，于是差人将上帝的训诫刻在了石头上，这就是"摩西十诫"。希伯来人的有记录宗教，即犹太教（犹太之名的来历后面再说）也从此诞生。

摩西没能最终带领希伯来人回到迦南地区。他的追随者和继任者约书亚替他完成了这个使命。约书亚是个好人，但有些懦弱，经常张开双手朝向天空，祈求上帝的帮助。约书亚完成这个走出埃及的使命时应该是公元前1400年前后。

这个时候，迦南地区已经被另外一个民族占据了——腓力斯丁人（又名非利士人）。腓力斯丁人已经会用铁器了，所以，武器比较先进，战斗力强。这样一来，希伯来人在迦南地区的定居必定是矛盾重重了。

希伯来人围绕着基训泉建了许多村庄，他们这时都有了一个共同的信仰，即上帝。他们在帐篷里做仪式、祈祷。有一个帐篷里供奉着一个神圣的木头匣子，这个匣子用皂荚木作料，长二肘半，宽一肘半，高一肘半，且内外包金。匣子里存放有三样东西：①一只盛吗哪（希伯来人出埃及时，在40年的旷野生活中，上帝赐给他们的神奇食物）的金罐子；②摩西的哥哥亚伦使用过的发过芽的手杖（哥哥亚伦是摩西的辅助者，他的这柄手杖也有很多神迹）；③刻有摩西十诫的两块石板。这个木头匣子就是大名鼎鼎的"约柜"，这个供奉约柜的帐篷就是"至圣之所"。

从公元前1230年开始，希伯来人进入了部落联盟时代，也就是所谓的"士师时代"，军事首领或部落大王统治希伯来人的社会。这个时候，希伯来人与腓力斯丁人的争斗一直还在继续。

公元前1020年，一位叫扫罗的年轻人被任命为王，希伯来人部落统一，进入王国时期。扫罗在位20年，期间，建立了一支强大的军队，与腓力斯丁人作战并取得了一些胜利。

扫罗统治后期，一个叫大卫的年轻兵士崭露头角，大卫很勇猛也很聪明。后来，扫罗和他的三个儿子都在战斗中阵亡，于是大卫被推举为王。此时是公元前1000年，大卫30岁。

"大卫"在希伯来语中是"蒙爱者"的意思。大卫是希伯来历史上一个很重要的人物，此人勇敢自不必说，他本身就是兵士出身，但他还会写诗（圣经里赞美上帝的诗句据说都是大卫之作），还懂音乐（他曾经作为扫罗的文艺勤务兵为扫罗弹琴）。大卫王在位40年，其最主要的功绩就是在基训泉和锡安山（这个山很重要哦，后来的犹太复国运动就是以此山为名）附近修建耶路撒冷城并定都于此。耶路撒冷城的历史当从这个时候开始，公元前1000年左右。但现在，古耶路撒冷的城市遗址已经很难找到，虽然有一些零散、片段的考古成果，但难以重现或想象当时的景象。但无论如何，我们现在认为，耶路撒冷城是从大卫王开始。

大卫王的另一个功绩是他终于将腓力斯丁人赶出了迦南地区。腓力斯丁人从此便一蹶不振，渐渐地从历史舞台上消失了。虽然腓力斯丁人从这时候再不见踪影，但他却把自己的名字留了下来。现在我们说的"巴勒斯坦"就是从"腓力斯丁"演化而来，意思就是腓力斯丁人居住的地方。

公元前960年，大卫王去世，他的儿子所罗门继位。所罗门继续大卫的强国梦，修筑堡垒、宫室和圣殿。所罗门的统治时期可以说是希伯来王国的黄金时代，而他所建的圣殿就是为了供奉约柜而建的一座宏伟的建筑。从所罗门时代开始，希伯来人日夜崇拜的约柜便从帐篷走进了殿堂，希伯来人的历史也从此开始了"第一圣殿时期"。

公元前930年，所罗门去世。随着所罗门的去世，希伯来人的这个王国即刻分裂成南北两个王国，北称以色列王国，建都撒马利亚，南称犹太王国（注意，也称犹大王国，犹太和犹大是一回事啊），仍以耶路撒冷为都。所以，我们今日所称呼的希伯来人、以色列人、犹太人其实都是一回事，都是一个民族。以色列和犹太本是希伯来人王国里的不同部落的名称，由于这次分裂，这两个名字也进入了历史和我们日常的语言当中，使得我们耳熟能详。

公元前722年，萨尔贡二世领导的亚述帝国攻陷了以色列王国首都撒马利亚，俘虏走27000多人，又把其他地区的居民迁移到以色列。这样，这个存在了208年的以色列王国，便灭亡了。

与此同时，面对强大的亚述帝国，犹太王国则自有一套求生术，即，卑辞厚礼（据说当时的犹太国王用24吨黄金保住了自己的国王宝座），俯首称臣。这之后，希伯来人的王国就只剩下了一个犹太。所以，后来我们往往称希伯来人为犹太人。

公元前597年和586年，两河流域的新巴比伦王国国王尼布甲尼撒二世率军两次攻占耶路撒冷，将犹太王国也灭亡掉了。这个尼布甲尼撒二世还下令把犹太人中所有的贵族、祭司、商贾、工匠一律作为俘虏，成群结队地押解到巴比伦城作为奴隶使用，而只把一些极贫苦的人留在耶路撒冷。将大部分犹太居民掳往巴比伦作为囚役，这一事件就是历史上著名的"巴比伦之囚"，也是犹太人历史上永远也抹不去的一个伤痛。

犹太人被掳到巴比伦之后，耶路撒冷成为一片废墟，金银财宝被掠走，城墙被摧毁，王宫和圣殿被焚烧。到此时，希伯来人或犹太人的"第一圣殿时期"结束。

公元前538年（或公元前539年），也就是"巴比伦之囚"约50年后，波斯帝国居鲁士大帝灭了新巴比伦王国，遂允许犹太人回到他们的故地。于是，犹太人又开始重建耶路撒冷，重建圣殿。公元前515年，圣殿重建完工。自此，希伯来人或犹太人的"第二圣殿时期"开始。

但此后的600多年里，犹太人没有自己的独立王国，不是臣服于波斯，就是臣服于希腊和罗马。犹太地区仅仅是这些帝国的一个省，而耶路撒冷也就是这个省的省府。虽然被蹂躏、被统治了这么多年，但犹太人的骨子里还是要独立。

公元66年，犹太人起义反抗罗马人的统治，但遭到罗马军队的镇压。4年后，公元70年，罗马军队再次前来（领兵前来的是提图斯，后为罗马皇帝），将耶路撒冷团团围住达5个月之久，城内弹尽粮绝，人相食，然后又是罗马军队的破城和屠杀。此次耶路撒冷沦陷，死亡110万人，97000人被卖到埃及沦为奴隶。罗马人攻入耶路撒冷后，又一次将圣殿捣毁，仅仅留下圣殿的一小部分墙基，也就是现在我们可以看到的"哭墙"。至此，希伯来人或犹太人的"第二圣殿时期"结束。

公元131年，犹太人再次起义（或叫暴动），再次激起罗马统治者的强力镇压。公元135年，罗马皇帝哈德良下令在"希伯来历埃波月九日"（这个历法的问题比较复杂，不细说了，也说不清楚），即耶路撒冷遭新巴比伦军队和罗马军队两次攻陷的周年纪念日（应该是公元前586年和公元70年这两次的破城，恰好是同一日啊），将耶路撒冷彻底铲平，在原城址上建罗马城市，在原圣殿遗址上建罗马神庙。哈德良还下令将所有犹太人赶出这一地区，禁止他们在这里居住，这个地区也被更名为巴勒斯坦（用希伯来人的敌人的名字来命名）。

大约过了400年，当拜占庭帝国统治这个地区的时候，犹太人才开始又陆陆续续地回到了耶路撒冷。

苦难的耶路撒冷！苦难的犹太人！

3. 结尾的话

耶路撒冷是座古城，有着3000年的历史。尽管它比中国的殷墟晚了300年，比埃及的卢克索晚了500年，比两河流域的巴比伦城晚了1000年，比两河流域的乌尔城晚了3000年，但它仍然在世界城市史中占有重要地位。这其中最重要的一个原因就是，这座城市从它诞生的那一天起就是一座宗教城市，终生与宗教缠绕，而且还不是一种宗教，而是三大宗教，即犹太教、基督教、伊斯兰教都与它有着剪不断理还乱的缠绕。当然这也难怪，基督教、伊斯兰教本身就是从犹太教分离演化出去的嘛，信仰伊斯兰教的阿拉伯人本来就是与犹太人血缘关系非常紧密的亲兄弟啊。

当公元135年耶路撒冷被罗马人彻底铲平后，它的命运又如何了呢？我还没有看完这本书，就不清楚了。不过据说，仍然是苦难重重，与耶路撒冷这个名字的本意完全相反（"耶路撒冷"的意思是"和平之城"），好悲催啊！

一个苦难的城市，其生死发展的同时还伴随着一个苦难的民族，就是希伯来民族，现在我们叫犹太民族了。这个民族如同耶路撒冷城一样，苦难重重。几千年了，这个命运似乎一直没有改变，流浪、苦役、囚徒、分离、哭泣、被驱散、被虐待、被屠杀，这些字眼似乎永远在伴随着这个民族。

是这个民族有什么问题吗？考察一下犹太民族，世界公认的是最勤劳的民族、最聪明的民族（前面讲了平均智商125啊），同时也是最有毅力和韧性的民族。为什么具有如此美好德行的民族反而要多灾多难、饱受屈辱呢？难道不是其他民族或我们整个人类出了什么问题吗？哎呀，太复杂了！这些问题还是留着，将来让我的女同事来回答吧。

对了，还有一个重要的问题。本文开头时讲过，希伯来人在帐篷里和圣殿里曾供奉过一个神圣而神秘的约柜，这个约柜后来怎样了？嗯，据说，这也是一个非常有意思、非常神秘的故事，等我继续看书吧。

这本《耶路撒冷三千年》只是看了个开头，为了弄清这个开头的历史脉络，便把它梳理了一下，我自己觉得这个梳理比起那原书来更精炼、更准确，文字虽然枯燥点，但内容还是挺有意思的。最后，如同以往，在文章结尾处送一首歌给耐心的读者吧！

耶路撒冷　终日膜拜　跪在约旦河的左岸
教堂的钟声在徘徊　上帝是否还相信爱
耶路撒冷　终日朝拜　眼睛默念你的神态
和平之城渴望着爱　我的祈祷还在不在
每个人　都是如此的虔诚
每份爱　只是爱上了未知
谁把拥抱　当寂寞的延伸
你却在废墟中　等一个吻
等待天长地久　等待一个人经过
他像天使来临　回应你所有祈祷
爱情没有开始　才会特别的需要
等你得到　你却发现不一定美好
你在耶路撒冷的街道　不停寻找
你爱的人　带着前世注定的记号
上帝挥动手指　设下一个个圈套
关于爱情　也许很适合用来凭吊

注：完成于2016年7月22日。

北京要注重亲水空间的营造与设计

北京是一个国际性的大都市。近二十年来，北京的城市建设突飞猛进，基础设施得到很大的改善，环境建设也有很大进步。但北京在某些局部的城市空间里还有一些地方需要改善，尤其是在亲水环境的建设方面还有差距，还没有达到理想的境地。下面简单谈谈这方面的问题。

1. 亲水空间的定义和作用

水从来是和人的生活离不开的，城市的发展几乎都是依水而建，水是城市的蓝色命脉。而亲水空间是指城市中临近江、河、湖、海等水体的城市空间。这些空间由于临近水体，往往是市民休闲、娱乐、集会、交往的重要场所，它是一个城市的门户和窗口。

亲水空间营造的优与劣，往往反映了一个城市的文化形象和人文气息。亲水空间营造好的地方，人来人往、喧闹繁华，一片歌舞升平。亲水空间营造不好的地方，则萧条冷落、环境脏差，成为社会的死角。亲水空间营造得好，不仅可以提升一个城市的宜居程度和生活品位，同时还可以给城市带来经济效益。

2. 国内外若干城市成功的经验

国内外一些城市在亲水空间方面的建设有一些很成功的例子。下面简单介绍几个，以供参考。

1) 伦敦。伦敦城源于泰晤士河北岸，19世纪开始，受工业排污的影响，泰晤士河逐渐成为污染严重的臭河。1964年英国开始对泰晤士河进行治理，尤其是对沿泰晤士河南岸的较为落后的地区进行了整治。整治后，沿河岸增加了很多的文化设施，尤其是增加了很多亲水的、宜人的城市空间，使得这一地区在城市环境、人文气氛以及经济建设等方面都有了发展。

2）杭州。杭州西湖是一处很美的地方。2003年，临水又新建设了大约占地3万平方米的"西湖新天地"。"西湖新天地"依山傍水、绿树成荫、景色宜人，繁茂绿色中夹杂着杭州传统的老式建筑，通过湖面、园林、历史遗迹的组合，不露痕迹地将现代时尚元素融合进来，以现代手法传达出杭州特有的山水园林历史建筑氛围，吸引了很多的游客和食客，也成为了市民休闲交往的好去处。

3）北京（菖蒲河）。北京菖蒲河也是一个亲水环境建设的相当成功的范例。菖蒲河是北京旧城的历史河道，原名外金水河。20世纪60年代菖蒲河上加起盖板，搭建起仓库、民房，后来形成狭窄、脏乱的街巷，居住环境相当恶劣，与周边环境及其地位极不相称。2002年9月北京菖蒲河公园建设完成，对河道、历史桥梁、闸门等水工建筑物进行了恢复、对水系两侧的环境进行了整治，恢复了菖蒲河的历史原貌，并形成传统四合院与历史河道相结合的独特风景，水光院影、名木古迹，吸引了众多游客。菖蒲河公园的建设完善了天安门周边地区的城市功能，丰富了历史环境，提高了环境品质，取得了良好的社会效益。

3．北京在亲水空间方面存在的问题

1）注重环境卫生的整治，但缺乏对城市的美学设计。北京在三千多年的发展中，历代王朝建造的众多的水利工程，金、元、明、清的都城选址都与河湖水系密切相关。以六海水系为依托的山水相依、和谐自然的都城格局与风貌更是北京旧城的宝贵财富。北京近年来也进行了大量河道整治工程，例如昆玉河、转河、凉水河等等，但是河道整治大多集中于河道清淤、河堤建设等，而缺乏城市设计，对园林美化的要求不高。

2）注重交通排洪等功能的实现，但缺乏对人活动空间的营造。河道在城市中既担负着重要的城市功能，例如交通、排洪、景观等，其滨水地区

也可以作为人们活动的开放空间，是城市中具有活力的场所。而北京目前大多数河道在这一方面做得并不好，没有考虑活动空间的设计，亲水性较差，互动性较差，人成为游离于河道之外的观赏者，而无法参与其中。

4．解决问题的方法

1）加强城市设计。通过城市设计，一方面继续加强环境实体的改善，另一方面使城市环境品质得到提高。提升滨水场所的公共性、水体的可接近性，创建滨水的生态化景观，使之成为市民及游客渴望滞留的休憩场所。

2）加强城市各主管部门的协调，不要各自为政。亲水空间的营造涉及多个专业部门，例如规划、交通、市政、园林等等，需要各个部门协同合作，齐心合力，共同完成。只有群力群策，才能创造出宜人的环境、"以人为本"的城市亲水空间。

本文旨在提出一个与北京的城市建设相关的一个问题，而且这个问题与北京城市的文化形象、与北京市民的日常生活有着紧密联系。真切希望政府及学术有关部门能对北京的河道、湖边地区的规划、设计、改造、整治工作给予足够的重视，把这些地区建设成为亲切、宜人、有文化品位、有热闹人气的好地方，使北京真正成为一个国际性的文化名城、宜居城市。

注：写于2005年12月。本文在写作过程中得到冯斐菲、吕海虹同志的大力帮助，在此表示感谢。

要重视自行车交通的安全问题

近几年，北京的城市交通问题越来越成为人们关注的热点话题，城市交通成为人们日常生活里的一个大问题。但人们在谈论城市交通问题的时候，往往想到更多的是小汽车的交通、轨道交通、公共汽车交通等等，而忽视了自行车的交通，也忽视了在自行车交通方面存在的问题。据有关部门的调查数据显示，北京市自行车交通的出行量占全市总出行量的38%，每天有697万人次的自行车出行，可见，这是一个不小的数字。但是，长期以来，自行车交通问题没有被真正地重视，自行车交通空间不断受到排挤，行路权受到侵害，骑车环境日益恶化，交通安全问题日益严重，尤其是老年人和青少年学生的自行车出行更加艰难。我国是一个自行车拥有量大国，我国有着使用自行车的悠久传统和历史，我们应该重视自行车的交通问题，并要认真加以对待解决，尤其是自行车交通在安全方面的问题更是值得我们重视。

本文结合笔者自己的工作和生活体验，谈一些对北京城市自行车交通安全问题的看法和建议。

1．关于自行车交通的几个观念问题

随着汽车业的快速发展，人们逐渐将城市交通的关注点从自行车转移到机动车方面。城市道路也是更多地考虑机动车的出行和机动车的使用，从而或多或少地忽视了自行车的使用。这种现象是和人们对自行车以及自行车交通的认识分不开的。我们有必要对自行车以及自行车交通树立一些新的认识。

1）自行车是高效的。尽管小汽车具有时速快、机动性强等优点，但小汽车的出行容易受到外部交通环境的影响，所以其自身的局限性较大。

在一个城市里的某些地段，小汽车常常英雄无用武之地，有时身陷困境难以自拔。而自行车就不同了，在某些地段，自行车表现得更迅速、更灵活、更机动。比如在英国，伦敦城里在交通高峰时，对于小于10公里的出行来说，其汽车的平均时速与马车的时速一样。在美国，五分之四的城市警察局都以自行车作为警用交通工具，因为自行车机动性好，骑自行车执勤的警察往往比开汽车的警察要先到达现场。这些都说明，在某些时候、某些地段，自行车往往比机动车更高效灵活。

2）自行车是低害的。小汽车每行驶100公里要耗去10升左右汽油，产生一氧化碳、氮氧化物等污染气体以及高达100分贝的噪声。而自行车依靠人力驱动，除了灵活、便利的特点外，还节省能源、无环境污染，被称为"绿色交通工具"。自行车不仅对周围环境的危害小，而且还有利于骑车人的健康。据调查，世界上最长寿的职业人群是常年骑自行车的邮递员。目前在美国有2000万人骑自行车健身，而在欧洲，骑自行车"一日游"成为最时尚的运动方式之一。

3）自行车是节约的。自行车节省能源和土地，如6辆自行车行驶所占用的道路相当于1辆小汽车所占用的道路，20辆自行车占据的停车空间相当于1辆小汽车占用的空间。因此可以说自行车占用空间少，普及、促进自行车交通可在一定程度上缓和大城市的土地紧张问题。

4）自行车有很强的生命力。由于自行车具有很多优点，现在世界上很多国家都在鼓励自行车的交通。自行车交通体现了时尚和文明，自行车不会被机动车所取代，自行车在城市里的交通作用将长久不衰。1991年美国国会通过一项法案，承认自行车在运输系统中的作用。1998年，克林顿政府签署了"21世纪交通平等法"，使自行车的交通问题进入交通规划。2006年，挪威交通部宣布在全国推出鼓励以自行车为交通工具的举措，对放弃汽车而改骑自行车上班的公民给予减税优惠，同时将修改交通法，给骑车人以更多的方便。荷兰人受到政府对于骑车上下班的人和购买自行车作为公司交通工具的公司给予减免税收政策的鼓励，对自行车情有独钟，其人均拥有自行车达1.25辆，居全球第一。

5）自行车交通应该有优先地位。还有一个观点，也是我们应该更要加以强调并坚持的，那就是：在城市道路交通中要坚持机动车避让自行车的原则。这是因为，机动车相对于自行车来说是强势群体，而自行车是弱势群体。机动车速度快，质量大，而且有钢铁外壳加以保护，所以一旦机动车与自行车在交通中发生碰撞，自行车及骑车人受到的损害最大，而机动车内的驾驶员或乘客则损伤甚微。正是由于这一点，我们一定要坚持强者避让弱者的原则，而不是反之。自行车在城市道路交通中应该具有仅次于行人的优先地位。

2．北京现状自行车交通的安全问题

从北京的现状情况来看，目前在自行车交通方面存在的问题有很多，但其中最大的一个问题就是安全问题。自行车的交通安全问题是城市交通中急需要解决的一个大问题。自行车的交通安全问题主要是由于机动车和自行车之间的穿插干扰造成的，而这种干扰穿插是由于我们过分重视了机动车的交通而忽视了自行车的交通、自行车的交通空间逐渐被挤压侵占而造成的。

调查显示，骑车人认为机动车对于自行车的威胁主要来自于"占用自行车道行驶"、"突然靠边停车"、"停车后猛开车门"以及"公交车进出站"等等。

在一些"一块板"形式的道路以及城市干道的辅路上，机动车车道和自行车车道之间缺乏物理隔离，骑车人没有安全感，自行车的交通安全没有保障。缺乏物理隔离，使得机动车很容易就行驶到自行车车道上，所以经常有违章借道的机动车驶入自行车车道，给骑车人带来危险。

公共汽车进入到自行车车道停靠也是自行车的安全隐患之一。这些进出站的公共汽车，不仅阻碍了正常行驶的自行车，而且给骑车人带来极大的人身威胁，极易引发重大交通事故。

另外，由于很多路面缺乏机动车和自行车的物理隔离，自行车进入机动车道的情况也屡见不鲜，既容易引发交通事故，又影响机动车行驶速度，降低机动车道的通行能力。

在骑自行车的人群中，老年人和青年学生占有很大的比例，而这些人群身体机能和反映能力都比较欠缺，这就更需要我们重视自行车的交通安全问题。

造成自行车交通安全问题的根本原因有二。一是观念的问题，如前面所说，现在大家把城市交通问题的焦点都对准了机动车的交通，而忽略了自行车的交通，对自行车交通的安全问题重视不够；二是措施不到位，也就是说，我们往往知道在自行车交通中存在诸多问题，但并没有给予必要的、足够的解决措施，对自行车交通存在的安全问题往往听之任之。

3．解决之道

解决自行车的交通安全问题，首先应该树立一种观念，即机动车避让非机动车、非机动车避让行人。强势群体要谦让弱势群体，这是现代文明社会的标志。只要我们头脑中重视自行车的交通问题，重视自行车交通的安全问题，我们就会想办法采取一些措施来应对的。

1）尽量设置"三块板"的道路形式。"三块板"是一种对自行车安全问题解决得最好的道路断面形式。机动车在中间行驶，而自行车在两边的慢车道上行驶，机动车和自行车完全隔离，自行车的安全有很好的保障。这样的道路如南礼士路南段、三里河东路、展览路、月坛北街等。这种道路形式的最大缺点是道路红线宽度较大，占用土地空间较大。但它最适合中国作为一个自行车大国的现实，自行车的安全最有保障。

2）机动车和自行车物理隔离。在有些道路上，尤其是"一块板"形式的道路上，机动车和自行车混行，尽管地面上有标志线，但机动车经常会行驶到自行车道上，给骑车人带来很大的安全隐患。所以在这样的路面上，应该在机动车和自行车车之间架设物理隔离，如隔离栅。这样既可保证自行车的安全，也不会占用很多道路空间。当然这种隔离所带来的安全系数不如"三块板"路面的安全系数大，但有隔离要远远好于没有隔离。

3）给自行车寻找新的路由。有些城市道路本来很宽，但留给自行车的空间却小得可怜，而且与机动车之间也没有物理隔离，如长安街南礼士路路口西北角的兴达商店门前就是如此。长安街的红线很宽，而且在沿街商店门前也有一条辅路，但唯独没有自行车的交通线。像这样的地方，我建议可以将在机动车车道旁边的自行车车道改在商店门前的辅路上，而把商店门前的停车场改在原来的自行车车道上，这样就可以为自行车创造一个非常安全的骑车环境。

4）给公共汽车寻找停靠港湾。公共汽车停靠站也是给自行车造成安全隐患的一个大因素。如在复兴门外大街长安商场门前，公共汽车的停靠站就设在自行车车道外侧，公共汽车一靠站，就将自行车车道全部都堵住了，自行车只能绕过停靠的公共汽车，行驶在公交专用线上，当公共汽车启动时，又将挤压在公交线上行驶的自行车，自行车要么快速骑行超过公共汽车，要么减速等待公共汽车过去，但这样要遭到后面公共汽车的压迫，所以这种情况对自行车非常不利，安全隐患很大。如果我们能为公共汽车寻找到一个停靠港湾，同时又不影响自行车的行驶，则这个问题就可以解决。解决的办法其实也不难。还拿长安商场门前为例。公共汽车的停靠站可以设在自行车车道上，而将自行车车道局部向外侧拓展，也就是侵占局部的道路绿化用地，这样机动车和自行车就可以隔离开了，各行其道，减少了交叉点，减少了安全隐患，也同时提高了公共汽车和自行车的行驶效率。

5）路边停车可以改变位置。现在很多城市道路的路边都设置了机动车的停车位，这极大地方便了机动车的出行。但这些机动车的停车位往往都是挤占自行车的行驶空间，使得自行车车道在左右两边都受到机动车的侵扰，安全问题甚为担忧。但如果稍加调整，这个问题还是可以解决的。如真武庙四条，机动车的停车位设置在机动车车道和自行车车道之间，也就是将原来"三块板"中的隔离带做成和路面一样平，汽车可以直接从机动车车道进入停车位，这样就减少了对自行车的干扰，增加了自行车的安全性。北京有很多一块板的道路，而在路边又设置了机动车的停车位，如果将路边的停车位不设置在路边一侧，而是设置在靠近机动车车道一侧，并将停车位的空间让给自行车，这样自行车车道就可以与机动车车道隔离开了，增加了安全性。虽然这样的布置看上去有些别扭，但很实用。

6）完善自行车行驶标志。自行车车道有专用标志，但有时候这些标志划在地面上，却不能告诉机动车司机这个车道是否是严格禁止机动车行驶，因为在划有自行车行驶标志的车道旁往往还有机动车的停车位，机动车必然要在自行车车道上行驶后才能入位。所以，完善自行车的行驶标志是很必要的，要告诉机动车司机哪些自行车车道是可以走机动车的，哪些自行车车道是严格禁止机动车行驶的。这样，才能让自行车有安全感。另外，在道路交叉口，路面上通常只划有行人的斑马线，而自行车的行车线到了交叉路口处就断掉了。所以为了保障自行车的行车安全，在道路的交叉口处，还应该划上自行车的行车线，这样，自行车可以拥有一个明显的空间，避免机动车冲撞和积压。

7）清理占用道路的小商贩、小店铺。很多沿街的小商店、小店铺违反规定占用了本该是人行道的空间，这样行人就只好走下便道侵占自行车的空间，自行车又要侵占机动车的空间，造成安全隐患。所以清理占用城市道路的小商店、小店铺也是提高城市交通安全的措施之一。

8）开辟自行车专用线路。在城市中开辟长距离的自行车专用线，是鼓励自行车交通、减少污染并有效保障自行车交通安全的措施之一。自行车专用线路应该绝对禁止机动车的行驶，只允许行人或自行车使用。专用线路的选线可以利用旧城里的胡同或公园中的道路。在自行车专用线路和城市道路的交叉点上，能够采用立交形式的则采用立交形式，不能采用立交形式的要坚持自行车优先的原则，以保证自行车交通的顺畅和安全。

9）自行车的停车设施要健全。自行车的停车设施虽然和自行车交通的安全问题没有直接关系，但停车设施健全与否关系到自行车交通的普及和推广。停车设施健全，可以促进城市里的自行车交通。自行车停车设施建设所要考虑的因素有：①方便：自行车停车设施要点多面广，应该是随处可见，这样便于骑车人减少步行距离；②安全：自行车停车处要有防盗措施，必要时可安排专人值守。

以上是我对城市自行车交通安全问题的一点看法。在很多原本汽车很发达的西方国家里，自行车交通问题越来越受到重视。我们本来就是一个自行车大国，所以更应该在这方面有所建树、有所创造、有所成就。希望这篇小文章能受到政府及有关方面的重视，也希望文中所提出的一些建议能对解决自行车交通问题，尤其是自行车交通的安全问题有所帮助。

注：写于2007年1月。本文在写作过程中得到了李伟、刘欣、冯斐菲、陈跃等人的帮助，在此表示感谢。

城市需要安静

现代城市是个制造繁华的大机器，高速运转、日夜轰鸣。汽车的引擎声、工地的机器声总是不绝于耳，让人感到厌烦，人们总是本能地尽可能地远离这些噪声，以求清静。然而地铁站里机车进出站时发出的尖叫声、快餐店里播放的刺耳的督促人快吃快走的快节奏的音乐声、商场里各种摊贩发出的吆喝声、街头报摊上小喇叭发出的单调执着的"晚报"声、手机里发出的各式各样的彩铃声都是人们每天离不开的声音，有时虽然不大情愿听到，可是又耳不由己地听着、感受着、享用着，有时也憎恨着。夜晚来临时，想找一处安静的地方吃点随意的东西放松一下耳朵和精神，然而，最安静的"静吧"也在不间断地演奏着萨克斯或者小号。城市真是太喧闹了。喧闹的声音显示着城市的繁华，繁华代表经济生活水平的提高，随着经济生活水平的提高，人们的交往越来越广泛，触角越来越多，使用城市的设施越来越频繁，听到的各种各样的声音也越来越多。于是，久而久之，人们的听觉器官开始变得迟钝。这并不是人的听觉生理器官出现了什么问题，而是人的神经系统开始排斥这些过度的声音。神经系统为了保护人的身心健康，使人免受这些声音的干扰而自发地生成了一个屏蔽，使人们对这些声音变得麻木、迟钝起来。

除了听觉上的噪声之外，还有视觉上的"噪声"。人们的眼睛每天要看的东西太多太多，目不暇接。店铺前红黄蓝绿的商业招牌霓虹灯箱、报纸上耸人听闻的八卦新闻恶性事件、大街上各种奇形怪状闪着金光泛着银光的现代建筑、公园里粗俗低劣生拉硬扯文不对题的装饰与雕塑无一不在折磨着人们的视觉，疲惫着人们的视觉审美观。人们的眼睛最紧张的时候是在城市的街道上开车时，那眼睛要不时地一会儿低头看地面上的标识，一会儿抬头看路中的警示牌，一会儿紧张地观察交通信号灯的变化，而且还要时刻注意突然从路两侧窜出的愣头愣脑的行人，而更紧张的是要提防为了贵宾的到来而突然改变的车道。人的眼球左转右转、上看下看，担负着指挥大脑的部分主要责任，不敢有丝毫差错和懈怠，真是好辛苦。和听觉上的噪声一样，久而久之，人们对视觉上的"噪声"也开始迟钝了。一切都不再有刺激性，一切都习以为常、见怪不怪。

听觉上的噪声和视觉上的噪声人们都还好对付，最难对付的是心觉上的"噪声"。现代城市的生活使得人们开始长夜难眠。影响人们睡眠的并不是窗户外面的汽车鸣笛声和施工工地的机器声，也不是楼下饭馆那闪烁的霓虹灯或厨房排风扇里吹出的尾气，而是萦绕在人们脑海里的那挥之不去、去之又来、若隐若现、辗转反复、时而叮叮咛咛、时而咆哮如雷、时而如歌如泣、时而声嘶力竭的那发自心底的喧闹声。白天里，人的听觉器官和视觉器官显得迟钝又麻木，可到了夜晚，这些器官好像又恢复了功能，而且倍加灵敏。抑或是这些器官白天虽然不工作但储存吸收了大量的能量，到了这清静的夜晚却要一股脑儿倾泻出来，滂沱咆哮于人的心觉之中。正是这冥冥之中的心底的喧闹声让人们左右翻转、夜不能寐。这是人们的心觉之累。

很多年以前，有一位年轻的浪漫诗人曾动情地描写城市中的雨巷：雨中的城市是寂寥的，雨中的街道是悠长的，雨巷中散发着丁香般的淡淡的清远和芬芳。如今，城市已不再寂寥了，城市充满了繁华与喧闹。街道也不再悠长和清远了，鳞次栉比的高大构筑物已经把人的视线和心灵都填得满满。然而我们的城市太需要安静了。城市不能总像一部轰鸣的机器那样，日夜不歇地高速运转。哪怕有一段时间、有一块地方是安静的、清闲的该多好。

城市不应该是轰鸣的机器，城市不应该是喧嚣的闹市，城市更不应该是欲望的沙场。城市应该是庇护人类精神的家园，是人们心灵的避风港。

注：写于2006年。

劳累的树

前些日子到南方某城市出差，办完事从城里打了一辆出租车到机场准备回京。从城里到机场的路上不知不觉地和出租车司机神聊了起来，聊的内容竟然使自己颇有感触。

司机问，你是从北方来的吧？

我说，是的。

我问，司机师傅，你们这个城市的生活怎么样？

司机说，辛苦呀。

我问，为什么？

司机说，一天忙到头，天又热，不像北方，还有个冬天。

司机接着说，你看，我们南方城市的树都比你们北方的树累。北方的树夏天是绿色的，枝繁叶茂，但到了冬天，树的叶子就掉了，树可以休息一下了。可是在南方，树一年到头都是绿的，都是枝繁叶茂，没有休息的时候，尤其是在我们这个城市，树白天在阳光底下照着，到了晚上，也不能休息，还要被城市里各种各样的灯光照着、烤着，你说我们这里的树是不是很累呀？

听了司机师傅的话，我不觉一笑。是的，在这个南方发达的城市里，城市的夜色是很美的，街道上各种各样的探照灯、聚光灯把城市装点得像是梦幻世界。尤其是在每一棵树下，都安装了小探照灯，五颜六色的，从树的下面向上照射着，呈现出别具一格的舞台效果。很多游人、市民在街道上散步、乘凉、吃夜宵，享受着这良宵美景。

我说，没想到，您一个出租车司机还有这样一番关于树的哲理。

司机说，嗨，其实树和动物还有人是一样的，都需要休息，人不能为了自己高兴，就折磨树，你说对吧。

我听了，不觉又一愣。我突然想到，前些天，就是在这个城市，忙完公事之后，我们到海洋公园去玩，并观看了海洋动物表演。那天参加演出的有海豹、海狮和海豚。在看海狮表演的时候，我看到，海狮在训导员的指挥下，用一支鳍撑起庞大的身躯作单鳍侧立，或用尾部撑起全身作直立行走。哇，真是不容易。这些动物们愿意做这样的表演吗？有可能它们是为了那训导员手里的食物才会表演出这样高难的动作。出租车司机师傅的话，似乎有一定的道理，人不能为了自己高兴，就折磨别的生物。

据说有些科学家已经测试出植物具有记忆的能力，那么具有记忆就会有感情了。虽然植物和动物都不会说话，但它们的情感也是我们人类应该关心的。我们现在还没有确实的手段和植物、动物进行准确的情感上的交流，我们还不能准确掌握植物和动物的喜怒哀乐。但我们就可以不去关心这些植物和动物吗？

如果单纯地从自然界的角度来看，人类有时确实很残酷。人类为了自身的利益，经常对自然界的生物进行杀戮、毁灭。如人类对于大地植被的破坏、对动物的杀戮等。人类不光对植物、动物进行破坏和毁灭，很多时候对人类自身也是采取了极为恶劣的压迫的方法，尤其是对不同种族的人群、不同信仰的人群、不同生产力水平的人群也是采取了哄骗、欺负、压榨、折磨、镇压及至屠杀的手段。历史上这样的事件真是太多太多了。

英语里有一句习语，Live and let live。中国现在多把这句话用在对艾滋病人的关心上。其实这句话表达了一种宽厚、容忍、仁慈、共荣的含义，它表达的意思是说：自己要生存，也要别人生存，不要妨碍别人的利益。

一个出租车司机师傅在自己工作、生活已经很辛苦的情况下，居然还能关心树的休养生息，真使我感动。人类若能都达到如此境地，我们的社会则真正是一个和谐社会了。在这样的社会里，并非要求大家都不辛苦、都不劳累，而是说社会中的每个人在做事的时候都要为他人设身处地地想事情，做事都要先考虑到他人的感情与喜怒哀乐，而不能为了自身的利益去损害他人的利益。

人类要发展，但同时也要考虑到自然界的承受能力，考虑到其他物种的生存利益。和出租车司机关于树的神聊，只是一次旅行中的小插曲，但它却引发了我的联想和感叹。愿我们的社会真正是一个和谐、共荣的社会。

注：写于2006年。

东西厕所

厕所是人的生活中离不开的东西，然而它又不登大雅之堂，人们往往忽视厕所的营建和形象，而中国人尤甚。中国人对美食情有独钟，可以把美食搞得色、香、味、形俱全矣，把吃美食的餐厅整得富丽堂皇，但对厕所就不同了，厕所是下三路，其形象往往是肮脏龌龊、污秽不堪。其实厕所的形象却更真实地反映了一个社会的进步程度和文明程度。

很多年以前第一次走出国门来到欧洲一个发达国家。在这个国家生活的几个月里，给我很深的一个印象就是厕所。在我居住的学生公寓里，厕所是公用的。但我发现这个公用厕所虽然不是很高级、很讲究，但干净卫生，每天都有人打扫。大家也遵守公德，都小心翼翼地维持着这一块公用之地的整洁卫生，谁也不愿破坏它。在办公室里，当然也是公用厕所，办公室的公用厕所则体现出了洁净、明亮和工业化，洗手液、烘干机、纸巾、高档的洁具、满墙的玻璃镜面等。我有一次曾在办公室的厕所里洗苹果吃，一老外进来瞧见说：别在厕所里吃水果，不卫生。我听了一笑，心想这里比我们家还干净呢。欧洲餐馆里的厕所则给我的印象最深。欧洲的餐馆往往规模较小，饭厅里的装饰也不是特别的富丽堂皇，反倒是朴素、实用。但餐馆的厕所往往让人流连，小巧、别致、干净、优雅，有花、香水、洗手液、纸巾甚至化妆品等。后来又有机会去一些老外家里做客，老外家里的厕所就更温馨干净了，地上铺着地毯，洗漱台上还放着几本世俗小书，大概在方便之时读读八卦新闻是人的通性吧。而在高速公路旁的厕所也是体现了工业化的特性，设备不是非常高档，但应有尽有，干净卫生。可见西方人对厕所的使用和形象是很重视的。

中国的厕所就大不相同了。办公楼里的厕所由于建筑布局和通风设备的问题，往往是甫一进办公楼首先闻到的是弥漫在整个楼层的厕所味。中国住宅内的厕所由于居住空间狭小，所以也往往变成了一个杂物间，哪里有什么情调可言。中国餐馆的厕所大多更是惨不忍睹，与饭厅里的美食成了鲜明对比。一次到西北某省开会，这里的厕所给了我深刻的印象，因为这里大多地方都还是旱厕。在这个西北省份开会旅游的一段时间里，一路走来，美味佳肴，日日酒宴，然而每每走进厕所，却掩鼻毕息、蹑手蹑脚，脚不敢落地，手不敢乱触，慢慢进，快速出。一次曾有一与会者不小心将手机掉进了旱厕的粪坑，听到这样的消息真是感慨：如果是镰刀、锄头之类的东西掉在旱厕的粪坑里还有情可原，而小巧时尚精致的手机掉下去就太不相配了。

肯德基、麦当劳进入中国后，给中国的餐饮业带来了一场变革，使得原本不知快餐为何物的中国人开始热衷于洋快餐，很多人认为这是一种悲哀。其实这些洋快餐进入到中国市场后，其配方已悄悄地发生了一些变化，以求适应中国人的口味。随着这些洋快餐的进入，它给中国人的厕所观念也带来了一场革新。很多路人内急时，经常以肯德基、麦当劳为首选之地，因为它们方便干净，门口还有醒目的巨大招牌便于寻找。然而不幸的是，随着时间的推移，这些洋快餐餐厅里的厕所也在悄悄地发生变化。它不再特别干净、特别明亮了，有时也成了杂物堆放间，有时长时间没人打扫也开始污水遍地。它和洋快餐一样渐渐地趋同于中国人的口味和习惯了。这又是一种悲哀。

如今北京地区大搞农村的整治工作，其首要任务就是整顿厕所，看来有些道理。中国人现在"进口"的问题已经解决得差不多了，但"出口"问题仍任重道远。如今，世界上已经成立了一个"世界厕所组织"，其英文缩写居然也是"WTO"（World Toilet Organization）。愿中国在此"WTO"上也能和世界接轨，给厕所来一场革命。

注：写于2006年。

重温旧梦

"居者有其屋，让住房成为一种社会福利，使得每一个人、每一个家庭无论其社会地位如何，无论其经济收入如何都可以享有一处安身立命的居所。"这曾经是一个美好的梦想，是数以亿计的生活在地球上的穷苦老百姓们梦寐以求的一个美梦。这样的美梦在20个世纪中叶的新中国实现了，这个美梦成为了我们几亿中国人的现实。

这一场美梦一做就几乎是半个世纪。将近50年之后，国人又恍如大梦初醒：实行了这么多年的住房福利制行不通了，要改弦易辙了。于是全国上下轰轰烈烈地又刮起了商品住宅的飓风。一时间，各种政策相继出台，引导着、督促着、半强迫着老百姓们购买自己住了半辈子的福利房。虽然花去近乎一辈子的积蓄，但想到终于可以从无产者一跃而成了房产主，然后又可以较为自由地拿这个房产去到市场上进行交易，心中也就无可奈何地释然了。商品房的政策让多少人成了房地产大亨，又让多少人开始做起当大亨的美梦。

然而这样的情形并不长，我们又听到了一种恢复福利房、廉租屋的呼声。尽管现在住房盖得越来越多，但仍然还是有很多老百姓住不起商品房。尤其是那些住在破旧危房中的老百姓，现下住的房子已成危房、需要拆迁，而得到的补偿却又买不起商品房，或者至少是买不起同样地段的商品房。于是，在民间、学者甚至政府官员中，又开始谈起福利房和廉租房的问题。有人说：让每一户人家都能住上一套住房，是政府的职责，政府应该出面操控一些房地机构，以向穷困居民提供低于市场价格的可供出租的房屋，虽然这些穷困居民当不了房产主，但他们至少还可以"居者有其屋"，当不当房产主又有什么关系，实惠的是有房子住。于是关于住房的一些政策又在慢慢调整，商品房一刀切的格局开始动摇。

房子的政策起了又落，落了又起，就像梦一样捉摸不定。哪一个梦想都有根据，哪一个梦想都是为了美好的生活。但问题是我们的生活中这样的事情太多了，此一时，彼一时，摇摆不定，老百姓跟着忽悠，心里总也不踏实，一忽悠就是十年、二十年。等到无力再忽悠，悄然白发已上头。

类似于房屋政策的事情在中国还有很多。为什么会有这样的事情呢？我想，恐怕多半是由于决策者对多元化社会的认识不足。

人类社会是一个相当复杂的综合体，是由各种各样的不同的元素组合而成的一个有机体。此间的不同如种族不同、肤色不同、语言不同、所处地理位置不同、生活习惯不同、社会地位不同、经济收入不同、工作职业不同、文化背景不同、生产力水平不同、宗教观念不同、价值取向不同等等。在这样的一个多元化的社会中，各种人的需求也是不同的，而且千变万化。但只要这些需求是不损害他人利益的，是在法律许可的范围之内的，就都应该加以满足，而不是简单地加以抹杀。抹杀的结果是整个社会看似简单整齐了，但却积蓄了更多的矛盾和冲突。

由于对社会的多元性认识不足，往往就会导致政策制定的简单化、教条化，有时甚至落入空想、荒唐的地步。

住房的租与售其实还只是社会中的一个局部问题，但它反映了政策制定中的一些思想情结和认识。毛泽东同志曾经说过：我们不但要善于破坏一个旧世界，我们还要善于建设一个新世界。旧的规章制度容易被打破，但建立一个新的规章制度，而且要保证这个新的规章制度确实比旧的要好、要更具科学性就难了。希望我们的决策者们在制定政策时能够静下心来，深入体察社会、研究社会，让老百姓们的生活过得平稳与和谐，让老百姓们的生活之梦顺畅与甜美，而不再被我们一个又一个的所谓新政策搞得上下翻滚、左右忽悠。

注：写于2006年。

速度、高度和广度

前段时间，和一位城市规划方面的老教授聊天时，曾听到这位老教授一段关于人的出行速度与人的出行距离的理论。老教授的理论是这样的：在一个人所居住、生活、工作的环境当中，一个人所活动范围的半径大概是40分钟的时距，也就是说，不论这个人采用何种交通工具，他通常的活动范围是在40分钟所能到达的距离之内。如一个农民要照顾一大片农田，但最远处的农田距离这个农民的农舍应该在40分钟的时距之内。如果农民只是步行，这个范围就很小；坐牛车，则范围就扩大了；坐马车，则范围更大；如农民开皮卡往来田头与农舍，这个距离就远远超出了当初他只能步行的范围。如果某一处田地超出了40分钟的时距，则这块田地就会疏于管理、日渐荒芜。如果这块超出40分钟时距的田地价值很高，农民不忍疏漏放弃，则农民必定会将农舍搬到距这块田地较近的一个地方中来，以使得田地到农舍的时距保持在40分钟之内。城市也是一样，一个城市的居民从他的住所出发去上班，无论是步行、骑自行车，还是乘公共汽车、地铁，或者自己开车，其最远的可以忍受的距离通常是40分钟时距。如果超出了40分钟时距，这个城市居民就要考虑是否搬家或调换工作了。

这样一个理论说明什么问题呢？它说明了交通工具的速度决定了人的活动范围，也决定了人的思想认识范围。随着科学技术的进步，交通工具的速度越来越快，人的活动范围也越来越广。人的活动范围越来越广，人所关心的事物面也越来越广，于是人的视觉高度、思想高度就越来越高。

远古时期的人类只关心他们所居住的洞穴或茅屋周围的事物，如是否有野兽出没、是否有洪涝之虞等，所以那时的人们鼠目寸光。到了农耕时代，由于人们要考虑农作物是否有好的收成，要考虑农作物是否能在集市上换到其他物品等问题，于是人们的视野就比较开阔了。而农夫由于外出多、见的世面多，所以往往比只在屋前房后养家喂猪的农妇要站得高、看得远。进入到现代社会后，由于交通工具的发展，人们出行的距离成倍地增长，所以日常生活所涉及的范围逐渐扩大，与他人的交往逐渐增多，关心社会的广度也就增加了。

北京的城市规划中涉及的一些数字也可以用来说明这一问题。20世纪30年代，北京的城市规划范围只是100平方公里左右，几乎仅仅局限于明清旧城的范围。50年代，北京的城市规划范围达到了1000多平方公里。80年代，北京的城市规划范围达到了10000多平方公里。而现在，我们做北京的城市规划，要考虑的是北京周边、环渤海或京津冀地区的情况，其所涉及的土地面积或可达100000多平方公里，甚至更多。不可否认，这个数字的变化在很大程度上是由于交通工具速度的增长而产生的。交通工具速度的提高，使人们站得更高，看得更远。可以设想，在不远的将来，随着高速公路的不断蔓延，随着高速火车的普及，随着飞机的频繁使用，北京一个城市的城市规划问题将会涉及更广大的地区，如华北地区，甚至东北、西北和华东几个地区。

飞机的普及使用以及它的速度的提高，使得人们往来于国家与国家之间更快捷。现在的跨洋飞行，例如从北京到纽约，只需十几个小时，几乎相当于乘火车从北京到上海的时间。交通工具速度的提高，再加上信息技术的飞跃发展，使得地球上一个国家或一个地区出现的问题以很快的速度蔓延到全球的各个角落。人们已经开始从"大洋两岸"或"地球两端"这样一个视角来思考、解决日常生活中所遇到的问题了。

火箭的高速度使得宇宙飞船可以脱离地球的引力而进入太空。宇宙飞船使得人们可以从更高的高度、更远的距离来观察人类居住的地球。偌大的一个地球，在宇航员眼里，犹如掌中之物，唾手可得。月球可以登陆，火星也并不遥远，借助于宇宙飞船，以太阳系为参照，人类已经开始进入到思考、解决地球问题的时代了。

注：写于2006年7月。

咖啡与荷包蛋

一日，余坐在长安街旁一个洋味十足的咖啡馆里正品着那价格不菲、又苦又甜、其实真不好喝的外国饮料，忽听邻座有两个年轻人正高谈阔论，话题竟然是建筑。余顿生好奇，侧耳细听，听得出两位后生当不是不学无术之辈，侃谈言语间竟也是古今中外、引经据典。余不轨，私录下二人言语，以飨读者。

"哎，你说，这个大剧院像不像一个荷包蛋？很多人都说像，我也觉得像。你说，人要是钻到荷包蛋里看歌剧演出那是一个什么感觉？"

"嗨，那都是戏言。说俗了是水煎荷包蛋，说雅了那叫飞来一滴，或叫水上飞碟。"

"噢，那你觉得它像什么？"

"我觉得如果它那个玻璃壳上落满了尘土的话，就像个帝王陵墓了。你呢，你感觉它像什么？"

"我觉得它倒像是弗洛伊德的珠宝盒，哈哈。"

"其实，建筑形式不在于它像什么，像什么其实不重要，重要的是这个形式中体现出了什么精神。"

"噢，那你说这个法国设计师要体现什么精神呢？"

"我不是他肚子里的虫，很难说得非常清楚。但我觉得他是想表现一种造型上的晶莹剔透或者是体现一种数学上的纯净。"

"噢，如果是要表现数学之纯净的话，我倒觉得应该是一个球体更好，而不是一个椭圆体。"

"椭圆球体可能比球体更能显示一些张力。其实所有的设计师内心都是很张扬的，只不过采取的形式不同。"

"现在很多人都在议论这个大剧院，褒贬不一。你对这些公众的议论有什么看法吗？"

"只要是钢镚儿就有两面。我看无论是褒还是贬，这些议论都将为这个歌剧院日后成为北京的一个著名的地标而增添一些背景资料。"

"这倒是，很多事情往往是反对的声音越大，名气也越大。我看无论是反对的意见还是赞成的意见，其争论焦点都在于这个歌剧院的建筑形式。这个歌剧院确实与其周围的其他建筑不相协调，无论是外形，还是体量、色彩、材料，都与其周围的建筑格格不入而且使得长安街和天安门广场的空间格局遭受到了破坏，有了这几条罪状，我看自然要遭到攻击了。嘿嘿，如果没有反对的声音倒是奇怪了。"

"没错，因为整个社会以及人们的思想对一种陌生的、外来的、扭曲的、相左的、对抗的东西历来是不大容易接受的，这要经过时间的磨合。"

"其实历史上这样的事例也有很多，比如巴黎的埃菲尔铁塔。一百多年前，巴黎的街头竖立起了一个钢铁怪物埃菲尔铁塔，几乎整个巴黎的人都因此而愤怒了，他们觉得这个金属的高耸物件简直就是对巴黎的亵渎。一些著名学者纷纷上书要求拆掉这个怪物，但由于种种原因，铁塔没有被拆掉，经历了第一次和第二次世界大战的洗礼，而保留到了今天，沧桑不老、遒劲刚毅。现在这个铁塔由往日的怪物却变成了今日巴黎的象征，不但外国游客喜欢，巴黎的市民也更是引以为豪。哎，你说怪不怪。"

"没什么奇怪的，日久生情呗。还有一个类似的事例。20世纪中叶，澳大利亚悉尼为建造歌剧院而在全球征集建筑设计方案。几百个投标方案中，有一个被扔进了废纸篓，原因是这个方案只是个画了几个大贝壳的草图。美国建筑师撒里宁担任方案的评选主席，他坚持从废纸篓中拣出这个方案，并说服了所有评委。最终这个草图方案被采纳了。但围绕其建设，仍然意见纷纷，最后贝壳的设计者丹麦建筑师伍重竟然和澳大利亚政府不欢而散，扭头回国了。几经周折，悉尼歌剧院终于建成了。这堆白色的贝壳成了举世瞩目的重要标志。当初澳大利亚和悉尼都没有想到，把澳大利亚从平凡变得不平凡，把悉尼从平凡变得不平凡就是因为这堆巨大的白色贝壳。如果没有这堆白色的贝壳，悉尼就是一个普普通通的城市而已。"

"看来历史往往会重演。但你知道吗，这两个例子有一个共性，那就是它们都体现了当时历史条件下的知识水平和技术水平。如埃菲尔铁塔的建造就体现了物理力学、材料力学的认识和计算水平，也体现了金属构件的建造水平，而悉尼歌剧院则体现了混凝土壳体结构的力学计算水平。"

"先进的技术固然重要，但你知道吗，有时候技术往往会成为黑洞，它吞噬了巨大的精力和财力。刚才我们提到的两个例子都是佐证，尤其是悉尼歌剧院，它的造价超出设计预算的很多倍。"

"但愿我们的大剧院不是黑洞，而永远是一滴透明的水。"

……

两位后生还在滔滔不绝。余没有想到，一个简单的玻璃壳子，竟会扯出这么多的话题。余望了望手边那杯又苦又甜的外国咖啡，脑海里却浮现出了水煎荷包蛋的香。恍惚间，余突然悟到：原来荷包蛋也好，咖啡也好，钢铁怪物也好，贝壳也好，其实都是给我们枯燥的生活菜单里又增添了一些佐料和别样的选择，饭后茶余我们又多了一些话题和谈资。手边的这杯外国苦咖啡其实不怎么好喝，闻起来也就那么回事，据测定其内也没多少营养价值，而所含咖啡因对人体却有害，但喝的多了、闻的多了，却成了一种时尚和文化。看起来时间可以改变人的审美情趣。北京的大剧院也能让我们改变什么吗？让我们拭目以待吧。

注：写于2006年。

考察大运河后的一段话

从大运河考察回来很久了，好像有两个多月了。CQ同志说，要求我们每个人写一段话，似乎可以算做大运河的考察报告。一段话，好像不是什么难事，但仔细一想，却又感到还真有点难。

写一个字不难，尽管要前思后想、挖空心思找到一个字来表达一趟出行的感受或收获，有点费脑子，但毕竟只有一个字，翻开汉语字典，浏览一遍，总能找到一两个字合适的。写一个词也不难，再多写一个字就是了。其实，写一篇文章也不是什么难事，尤其是我们这些学理工科的，写论文是拿手，八股格式先套上，再从各种渠道找到相应的内容填充进去，尤其现在是网络社会，不懂的事，想找些资料，"百度"一下全齐了，一篇文章也就很快成了。

但一段话该怎么写，似乎有些犯难。

9月份的时候，和院里几位同事一起去大运河考察，我们从北京一路南下、日行百里、舟车相济、昼行夜伏，而且是沿河而动、每日一城，既看古迹、也看现状，既到实地踏勘、也去博物展览。约10天左右，终于到了杭州，当然这一路很是辛苦劳顿，但欢歌笑语也不少。

从这条大运河走下来，对中国的历史又有了深入的了解。大运河从最初的开凿到后来的鼎盛、衰败历时约2000年，空间跨度约2000公里，沿河地区又都是人文、历史、文化、物产极为久远、富饶之地，所以我感觉到，将大运河的历史搞清楚了，恐怕整个中国的小半部历史也都在其中了。然而，这又是给自己出的一个难题，要想把大运河的历史彻底搞清楚，谈何容易啊，几乎是不自量力了。

大运河一路走来，看了很多文章，看了很多实况，看了很多展览介绍，问题也就随之而来了。

第一个问题是船的动力问题。

我们一路上经常讨论起这个问题，就是在古代的时候，这个运河里的船是靠什么作为动力的呢？靠风力？还是靠人力？

据资料记载，世界上第一台机动机器产生于17世纪末的英国采矿业中，一位叫萨弗里的人发明了用火力和蒸汽在矿井里排水的机器。18世纪中叶至18世纪末，英国人瓦特改进了这种机器，发明了蒸汽机。从这时起，这种靠蒸汽作为动力的机器不仅使用在矿井，在其他领域里也得到使用，蒸汽机的时代到来。19世纪初，在美国首次出现了蒸汽机船。

而中国古代运河里的船是靠什么作为动力呢？显然不是蒸汽，也不是火力。很多文献在描述运河的繁荣景象时都记载说"舳舻相接、樯帆蔽日"，由此看来，那时的船应该是靠风力驱动的。但事情果真如此吗？

中国南北大运河所处的华东、华北地区地势起伏，运河里的水源是分段供水，水流方向则是忽南忽北，当漕运船只在运河里顺水而行时，自不在话下，顺风顺水。但当船只逆水而行时，也是靠风力前行吗？风力减掉逆水后，还有多大的力，靠这个力要多少时间才能走完几百里甚至上千里的行程？

我们一路走，一路探讨这个问题，尤其是和我们的水专业专家王总探讨。后来，我们初步达成了这样一个认识，就是，古代的时候，运河船只部分是靠风力，部分是靠人力。所谓人力也就是纤夫。在我们沿途的考察中间，我们也看到了部分古代河道的两侧还留有的纤夫古道。

据说，古代的时候，运河里每条船要配大约十个纤夫，这些纤夫们赤身裸体、躬身直腿、肩拖纤绳、口呼号子，拉着那装载着粮食、煤炭、黄沙的船只艰难地前行。想到这里，我们不禁为之一振。在几乎2000年的时间里，运河里每年成百上千万吨的物资竟然是靠人力、靠我们的纤夫身拉肩拖而完成的。这是一幅何等艰巨、壮烈、坚韧的图像啊。

纤夫，这个已经消失了的职业在人类的河运历史中发挥了巨大的作用。纤夫的形象在很大程度上代表了人类和大自然顽强抗争的精神，代表了人类不屈不挠、坚韧隐忍的精神。俄国画家列宾曾画过一幅著名的画——《伏尔加河上的纤夫》，应该是人类历史上这个古老的职业一个真实的写照。

第二个问题是为何不海运，而要河运？

走一路，说一路，笑一路，也讨论一路。船的动力问题，似乎有了解答，但我们还不是特别肯定，整个中国的大运河漕运，动力有两个：风力加人力。这个答案准确吗？恐怕要做更详细的考证。

接下来的又是一个问题，中国南北大运河基本上和中国黄海的海岸线平行，且相距不是很远，仅百余公里，而且江南地区水源较为丰富，自然水网发达，出海口也很多。为什么在中国的古代，尤其是元、明两代，运送粮食物资要走河运呢，走海路为什么不行？

元代以前，从江南向中原的首都调送物资走河运似乎是顺理成章，但到了元、明、清，首都迁至北京，而南北大运河里的水源又紧张，调水工程巨大，海路似乎更经济实惠。尽管明初时，朱元璋曾有过"片帆不得下海"的禁令，但那也是针对民间贸易和走私贩货的政策，而且这项禁令到了朱棣时代已经名存实亡了。所以，为什么不走海运呢？这真是个问题。

读了一些文章，看了一些材料后，对这个问题有了一个初步的解答。那就是，海运风高浪急、船体不支，且沿海倭寇作乱、危险很大，故此，唯河运乃最佳选择。

事情是这样吗？仔细想一想，再翻翻历史，仍有疑问。

早在战国时代，中国的造船技术和航海技术就已经达到了一定的水平，其中尤以吴、越、齐等地最为发达，而且还开辟了一条经朝鲜而达日本的航海线。秦朝的时候，就有使者渡海东行了，著名的徐福带了三千童男女和"百工"东渡求仙，到达日本。唐朝的时候，著名的鉴真和尚经过六次千辛万苦的磨难，终于渡海到达了日本。而日本的"遣唐使"则是每几年就来一次，每次少则百人，多则数百人。宋朝时，中国人发明了指南针，使得航海技术又有了提高；中国对南洋诸国的贸易频繁，船队已经到达越南、菲律宾、马来西亚、缅甸等国，当时的航海船只最多时可容纳1000多人；南宋时，曾有一段时间，由于金人的进犯，南宋朝廷竟然是在海里漂泊了几个月，逃难、办公都在船上，想其船只必是能抗风浪、供食宿的了。即便是不善航海的元朝蒙古人，也曾派商船远洋东南亚、阿拉伯、非洲等地达数十国，比郑和还早了一百年。明朝则更不用说了，郑和七下西洋，其船队规模庞大无比，最多的一次，郑和的船队逾200艘舰只，其中最大的宝船装载量达千余吨，船队人数达27000多人；郑和到了东南亚、印度、中东，甚至东非等地，去时，满载货物，归时，还带来了这些国家的访华代表团，其航线之远，航海技术之发达，船只之庞大，船体设备之完善都已经达到了令人瞠目的程度，光是其航线之远，可以说超过了黄海航海线的几倍、几十倍甚至上百倍，而且要穿过黄海、东海、浩瀚的南海、诡异多舛的马六甲海峡、阿拉伯海及至红海，其艰险程度比起黄海航海线来说，根本就不可同日而语。

既然如此，怎么会说，我们的海运会"风高浪急、船体不支"呢？若说"倭寇作乱"，这几个朝代，哪一个不是远征近伐，连远在欧洲、南洋的诸国都要征服统治，而何况近在咫尺的海上流寇呢？

所以，由以上的思考是否可以得出这个结论：河运也好，海运也好，恐怕不是船只的技术问题，也不是航海的技术问题，也不太像是倭寇问题，更不像是经济成本问题。

于是，问题就复杂了。到底是什么问题呢？读的书有限，知识有限，这个问题只好暂且存疑了。

第三个问题似乎简单一些，但还是引发了一些发散性的思考，那就是，中国古代，从春秋战国开始，开凿的这些运河，其主要目的是什么？是军事上的需要还是经济上的需要？抑或还有别的？

春秋末年，逐渐强盛的吴国加入到了大国争霸的行列。吴王夫差为了北上争霸，于公元前486—前484年筑邗城，即今扬州，并开通邗沟。邗沟全长约150公里，沟通了长江和淮河之间的水路，方便吴国调运物资和水师。后来，吴国就是沿着这条运河北上，相继打败了鲁国和齐国，成就了短暂的霸业。可以说，这段运河的开通其根本目的是军事，当然是通过经济强国的手段来达到军事目的。

后来各个朝代使用运河的目的主要还是经济目的，调运物资是首当其冲。

大运河最大规模的开凿者是隋炀帝。隋炀帝即位后下令开挖修建南北大运河，将钱塘江、长江、淮河、黄河、海河等水系都连接起来。大运河的修建使中国的水运开始畅通发达起来，为中国后世的繁荣富强打下了牢固坚实的基础。

历史上对隋炀帝的功过多有评说。好话自然是说隋炀帝开凿运河、定制科举、征拓疆土，是一代具有雄才伟略的帝王。而坏话则是说隋炀帝急功近利、劳民伤财、横征暴敛、骄奢淫逸了。

所以，看了这些历史材料，对隋炀帝开凿运河的根本动机产生了疑问，是为了军事目的吗？是为了经济目的吗？是为了强国吗？还是为了别的什么？

一路上听导游讲，看展览的介绍，有说，隋炀帝开凿运河是为了能到扬州看琼花、选美女，继而又说，这些都是戏说。真是戏说吗？

在杭州的大运河展览馆里，看到一段描述隋炀帝出巡的介绍：

对于炀帝的南巡，唐人杜宝在《大业杂记》中有详细记载。炀帝本人乘坐的龙船，高45尺，宽50尺，长200尺，有四层楼。顶楼由正殿、内殿、东朝堂、西朝堂组成，周围是雕画彩绘的回廊，二层三层有160间房间，皆用丹粉涂饰，装点金碧珠翠，门窗雕刻绮丽，悬挂流苏羽葆、朱丝网络。底层供内侍与水手们住，也收拾得整齐漂亮。全船用六条以洁白的素丝编成的大绳牵挽，纤夫用1080人，称作殿脚，一色是江淮地区的青壮年汉子。殿脚也全穿绸着缎，十分华丽。皇后所乘之船名为翔螭舟，用900名殿脚，嫔妃们分乘9条浮景舟，每145舟（此处疑有误，应该是"每1舟"，待日后详查《大业杂记》细考之）用100名殿脚。另外还有供宫廷美女、夫人们乘坐的漾采船36条。这些船，一律彩绘精雕，或2层，或3层，各有特色；还有朱雀舫、苍螭舫、玄武舫各24艘，飞翔舫60只，青凫舫、凌波舫各10只，供宫女们乘坐，往来服役。青凫、凌波上的宫女都识水性，可以下水活动。这支队伍之后，才是由王公大臣们乘坐的大船，共52条，全是5层楼船。然后是僧侣们乘坐的3层楼船120条，后面跟着外国宾客及五品以下官员所乘坐的3层楼船若干，所用船夫8万余人。这支队伍，连同侍卫人员在内，少说也有30余万，在运河中首尾连接，逶迤200多里，每次出行，所过州县，500里内都要贡献食品，吃不完的随时扔掉。沿途地方官又争献礼品，谁的礼品中意，谁就可以升官发财。杨广出游，仅只皇家所乘龙舟就有数千艘，不用桨篙，而用纤夫，纤夫有8万余人。禁卫军（骁果军）乘坐的军舰也有数千艘，但由军士自己拉纤。1万余艘船只，首尾相衔100余公里。骑兵夹岸护卫，万马奔腾，旌旗遍野，十分壮观，饮食供应由250公里以内政府奉献。

这段文字是从展览馆里抄来的。文字的修饰还欠缺，有些表述似有重复，有些数字明显有误，但我还是把它如实地抄下来了。本想进一步求证细考，但网上找不到《大业杂记》的原文，只好以这展览馆里的白话文翻译作为依据了。总之，看了这段文字后，有一个感觉，就是"似曾相识"。

大运河开凿通了，这是一项庞大的工程。可能是为了军事征伐，可能是为了经济强国，也可能是为了琼花美女，除此之外还有什么吗？应该还有。这恐怕就是所有的帝王心中那挥之不去的一种心理情结，就是"炫耀"，权力的炫耀、拥有的炫耀、强大的炫耀、万人之上的炫耀。而要表现这些炫耀，则必然要用浪费和奢华了。

《资治通鉴·隋纪》里也有关于隋炀帝与洛阳城节日庆典的一些记载，抄录如下。

帝以诸蕃酋长毕集洛阳，丁丑，于端门街盛陈百戏，戏场周围五千步，执丝竹者万八千人，声闻数十里，自昏达旦，灯火光烛天地；终月而罢，所费巨万。自是岁以为常。诸蕃请入丰都市交易，帝许之。先命整饰店肆，檐宇如一，盛设帷帐，珍货充积，人物华盛，卖菜者亦藉以龙须席。胡客或过酒食店，悉令邀廷就坐，醉饱而散，不取其直，绐之曰："中国丰饶，酒食例不取直。"胡客皆惊叹。其黠者颇觉之，见以缯帛缠树，曰："中国亦有贫者，衣不盖形，何如以此物与之，缠树何为？"市人惭不能答。

看了这些，不禁感叹，历史真的很相似啊！

好了，写了这些，东拉西扯、逻辑混乱、语焉不详。好在CQ同志没有要求我们写文章，只是写一段话而已，就写这一大段话吧。

这其中恐怕有些历史材料欠缺、偏差，甚至谬误，或者根本就是缺乏知识，还请大运河考察的一行同仁们多多指教、给予纠正吧。

注：写于2009年12月16日。

首都的大小与国家制度

最近在微信上看到一篇论述世界各国首都大小的文章。文章说，考察
世界各国的首都，其规模大小是和这个国家的政治制度有关系的。基
本上可以认为，凡是单一民族大一统的国家，其首都通常都是大城市
或特大城市，如中国首都北京、英国首都伦敦、法国首都巴黎、日本
首都东京等；凡是联邦制的国家，其首都都是小城市，如美国首都华
盛顿、澳大利亚首都堪培拉、德国首都柏林等。

读过这篇文章后，思考了一下。首先，我觉得搞城市规划这个行当，
千万不能只会做一个简单的西方医生或工程师，头疼医头脚疼医脚，
或者是指标加规范，而是要努力去当一名中国医生或思想家，要努力
寻找事物的发展规律，努力探究事物的内在特征。现在社会上对京津
冀一体化舆论甚盛，对北京的首都职能议论颇多，在此情况下，确实
有必要对各国首都的职能、规模进行一次分析比较，从中找出一些规
律来，以利于对北京这个特大城市的研究。微信上关于首都大小这篇
文章的作者显然是想找出一些关于城市发展的规律来，无论结论怎
样，我对这样的思考方法还是很佩服的。

但对于作者的结论，我有些犹豫，想补充几点。

1. 英国的国体

英国是个集权的国家吗？英国全称是"大不列颠及北爱尔兰联合王
国"。虽然是王国，国王还在，但英国的政体实际上是个联邦制国
家。从名称上看仅有"北爱尔兰"这一部分的存在，而实际上，在不
列颠岛内，还有英格兰、苏格兰和威尔士三部分，英国的这几个"部
分"并不同于中国的省，而是更独立的一个个小王国。关于英国的历

史和政体限于篇幅不好展开，但总之，英国不是一个中央集权的国家，而是若干个王国的联合体，实质上是个联邦。

2. 德国的政体

德国的全称是"德意志联邦共和国"，但详细考察德国的历史和政治制度后，我们会认为，实际上，德国是个中央集权国家，而"联邦"之名是由于现在德国的各州历史上曾为一个个小"王国"的原因。看一看我们中文对应德国的各个"部分"通常是翻译成"州"而非"邦"，就是这个原因。中文"州"指从属于中央封建王朝的一个个"封地"而非独立的王国。

而德国首都柏林（人口300万，不小了）在德国就是最大的城市了，虽然其不如巴黎、伦敦的规模，但仍不失为一个欧洲的大城市。早几年曾有柏林想取代巴黎成为欧洲大陆中心一说，可见柏林绝非小城市。柏林发展比较慢，规模也不如巴黎，有可能是因为第二次世界大战后一个城市一分为二的缘故，也有可能是其地理位置的缘故，这个问题待进一步研究。

3. 美国的政体

美国的全称是"美利坚合众国"，号称是地地道道的"联邦制"国家，即它不是一个单体的国家，而是由众多的"国家"或"邦"（state）组成的一个"联合体"。但其实，现今的美国是个地地道道的中央集权的国家，从我们汉语将state一词翻译成"州"而非"国"或"邦"即可见其实质。

美国在最初成立之时，曾有过要建立一个"联邦"国家还是"邦联"国家的争论，争论两派以汉密尔顿和托马斯·杰斐逊为代表。而所谓"邦联"（confederacy）中的"邦"则更为独立，形成的"邦联"则更为松散。这是美国历史上的事情，不展开了。

历史发展到今天，美国已经根本不是"邦联"，也不是"联邦"，而是实实在在的中央集权国家。尽管其各个州独立选举，各个州有各自的宪法，但从其国家整体运作来看，它已经是一个中央集权的国家了。美国首都华盛顿在美国来说也不是一个大城市。

讨论了上面三个国家的政体有什么意义吗？我想，一个国家的首都，其规模大小有可能会跟其政体有关，中央集权国家的首都通常都是大城市，而联邦制国家的首都通常都是小城市。但不尽然，也就是说，有这方面的影响，但不一定就是这样。上面三个例子从本质上讲是对"中央集权首都为大城市，联邦首都为小城市"这个结论的反例。

那到底是什么因素影响了一个国家首都的规模大小呢？我想可能还有一个因素，那就是这个国家历史的长短。历史久远的国家通常都以大城市为首都，这是由军事防御和经济保障两个方面的因素决定的，即便一个王朝（如中国明朝永乐帝时代）选了一个小地方作为首都，但随着历史的发展，这个小城市也会慢慢地演变成大城市。而历史较短的国家的首都通常是小城市，这是因为，这个小城市还没有发展成大城市（历史短嘛），还有就是，军事防御和经济保障的因素在弱化，城市的功能变得单一了。

如美国首都华盛顿有230年历史，人口50多万，就是因为选在南北分界线上的一块空地上新建而非选择一个既有的城市，所以它至今还是一个小城市。加拿大首都是渥太华有150年历史，人口100万左右，是因为它选在英语区和法语区的分界线上，建设当初只是一个小镇。澳大利亚首都堪培拉（人口35万左右）只有100年的历史，所以还没有发展成大城市。

以上讨论属于饭后茶余之闲篇，写出来供专业城市规划师们参考。

注：写于2014年5月。

"跳转"与"一体化"

前两天写了一篇关于首都城市规模与国家体制的关系的文章，写完后，发现其中错别字多多，有些句子语义逻辑也有bug，遂一一改正。当然这篇小文只是泛泛之谈，并不是严谨的论文，还望读者明鉴。

写完小文之后，一些朋友参与了讨论，有些观点值得参考。如：

1）城市的规模，尤其是一个国家的首都城市的规模有可能与这个城市的发展时期所经历的历史阶段有关系，如伦敦的发展时期正逢工业革命时代，城市特别是首都城市恰好为工业革命提供了舞台和场所，于是城市急速膨胀。

2）国家与国家之间在政治体制上的差异越来越显得模糊。比如英国是一个王国，最高统治者是通过世袭制度来决定的，而法国是一个共和国，最高统治者是通过选举决定的，但这两个国家在我们的印象中是非常不同的两个国家吗？显然不是。资本主义国家和社会主义国家曾经是两个截然不同的堡垒，但随着历史的发展，资本主义和社会主义之间的界限已经很模糊了，你中有我，我中有你。

好了，国家制度的问题是个非常复杂的问题，似乎也离城市规划的话题远了点，还是说说和城市规划沾点边的事儿吧。

写完那篇小文后，我把它贴到了新浪博客上，然后又转到新浪微博上，再然后又通过手机转到了微信上，但转到微信的这个过程必须要通过手机来操作了。再再然后，当我从微信里逆向找寻这篇小文时，先是要求我输入手机号，又要求我输入验证码（有朋友反映不需手机号和验证码，不知道为什么），之后手机的界面上呈现出"跳转"一词，几秒钟后，一切妥当了。

"跳转"一词让我印象深刻，这词用得真是地道啊。我想起苹果4刚来时，竟然要求SIM卡剪小，苹果5来了，要求SIM卡再剪小，这也是跳转啊。这个"跳转"很强硬，让消费者不舒服。

"小米盒子"号称是互联网电视盒，但必须要通过未来电视有限公司（ICNTV）运营的"中国互联网电视"集成播控平台来满足客户的需求，而且是有限制的需求，消费者是不能通过小米盒子自如地在互联网里游览的。当然这是国家的管理规定使然，有"集成播控牌照"加以控制。这也是一种"跳转"，消费者不舒服，起码是不顺畅。

想起若干年前曾去日本参观考察日本的轨道交通。日本的城际铁路往往一条线就有好几家运营公司来经营，有国营的，有私营的。但无论国营还是私营，无论如何运营，无论成本怎么谈判，利益怎么分配，他们都有着一条最最基本的理念，就是不能让乘客有丝毫"跳转"的感觉，要让乘客平滑顺畅地完成一次出行。

我想，在现今的技术条件下，要想开发一款自媒体和社交软件，把博客、微博、微信、短信的功能都统统加于一身应该不是很难的事儿，几个IT工程师恐怕一个晚上就搞定了，这样消费者就不必总去"跳转"。但这恐怕还真不是技术上的问题，是个利益问题。

小米盒子游览互联网应该也不难，这也是利益问题，说好一点是国家利益。

最近一段时间"一体化"这个词比较热，城乡一体化、京津冀一体

化。而在这当中，利益集团更是多了去了。为了利益而博弈无可厚
非，只是在这"一体化"的进程中，让百姓多一些平滑顺畅，少一些
"跳转"为好。

注：写于2014年5月15日。

谈谈圈地运动

所谓"圈地运动"是指通过交易、强迫等手段剥夺原土地上农民的土地使用权和所有权，将零散的土地归并为大农场、大牧场的土地运动。欧洲的圈地运动大约开始于中世纪后期（13—14世纪），这是由于此时欧洲的资本主义开始萌芽，社会生产力提高，而需要大片的土地来进行更为有效的农业、畜牧业生产。而英国的圈地运动（Enclosure Movement）在历史上则更为有名，影响更大。

英国的圈地运动兴起可能受到下面几个因素的影响：

1）15世纪末，哥伦布发现了新大陆，整个欧洲为之一振，继而影响到欧洲的商贸路线从传统的地中海沿岸向大西洋沿岸转移，英国处于大西洋沿岸，正是商贸航路的枢纽；

2）随着商贸路线的转移，羊毛和毛纺织品逐渐成为重要商品，于是需要大牧场；

3）资本主义开始萌芽，一部分贵族从封建领主开始向土地资本家转变，追求大生产和高利润。

英国的圈地运动大部分是通过收买、补偿、租约的形式完成，但也有一些暴力、强迫情况的发生（具体出现了多大规模的暴力有待考证，其实是比较重要的问题，现学者有分歧）。圈地运动导致的后果则是：

1）零散土地被归并为大宗土地，使得大生产得以进行；

2）将农民与土地剥离，土地成为商品而不是农民的固有财产；

3）大量的农民离开土地涌向城市，为后来的城镇化和工业革命（始于18世纪）创造条件；

4）有很多农民在这场运动中倾家荡产、流离失所。

社会主义学说创始人、英国人文学者、政治家托马斯·莫尔（1478—1535年）在其著名著作《乌托邦》中对英国的圈地运动进行了批判，认为圈地运动是一场明显的"羊吃人"的运动。

马克思在其著作《资本论》中也长篇论述了圈地运动的残酷性，认为这是资本主义原始积累的原罪。

英国的圈地运动到1876年英国议会颁布禁止圈地法令后才得以终止。

我们现在来看这场土地运动，可以说它既具有积极的一面，也有消极的一面。但以现在西方人的道德价值观来衡量的话，应该说对历史上的圈地运动是持否定态度的。虽然它在操作的过程中是交易性质，但正如马克思所洞见的，那里面包含了欺压、胁迫和血腥，是恃强凌弱。现代西方国家中多有反垄断法，其法律背后的道德价值观也在于此。

近几十年，中国也是处于经济大发展时期，但中国不会走圈地运动的老路。近来闻有"专业大户、家庭农场、农民合作社"等关于农业生产方式的呼声，也有对农民土地"归属清晰、权能完整、流转顺畅、保护严格"的制度预设，这些都是很及时的。以历史为鉴，避免走几百年前资本主义曾走过的错路当是我们的责任。

注：写于2014年6月3日。

也谈空间与政治

中国的战国时代，管子提出："士农工商四民者，国之石民也，不可使杂处，杂处则其言咙，其事乱，是故圣王之处士必于闲燕，处农必就田野，处工必就官府，处商必就市井。"就是说，士农工商四民的聚居地要有所区分，而且要相对稳定，这是统治者在城市平面空间划分方面的论述。管子还说："定民之居，成民之事，以为民纪。"看来城市空间的划分已经是一个治国的问题了，是政治大事。

古罗马时，罗马城内的公寓住宅由于地价上涨而越盖越高，但又因施工技术不佳经常倒塌，于是皇帝奥古斯都做出规定，规定城内住宅建筑高度不得超过70英尺（21.3米）。后来图拉真皇帝又颁布了住宅高度不得超过60英尺（18.2米）的规定。这是统治者在城市竖向空间方面的管制，表面上看是技术问题，其实不然。

有专家认为，西方城市真正开始确立科学的城市规划管理法规，是从19世纪开始的。19世纪，拿破仑在他统治的德意志各城市颁布法令，规定凡城市用地上有碍公共卫生的建筑物，必须经过特别许可方可建造。而德国被认为是世界上实行"分区制"的鼻祖。意大利从1865年开始限制城市的扩展，并对空地、街道密度分区等做出规划，被认为是最早确立规划法律的国家。而德国和瑞典在1875年也公布了类似的法规。

圈地运动是空间与政治紧密联系的案例，尽管不是发生在城市，但它大大地影响了后来的城市。马克思在《资本论》中曾对圈地运动进行了批判，认为这是资本主义原始积累，"它从头到脚，每个毛孔都滴着血和肮脏的东西"。关于圈地运动、农民的土地和房屋等问题，马克思在《资本论》中有很多论述，其中涉及与政府和议会有关法令的内容大致如下：

1）15世纪后期，"耕地变成了只要少数人就可以照管的牧场，定期租地、终身租地和年度租地几乎全变成了领地，而很多自耕农都是依靠年度租地生活，生活贫困。"当时的国王亨利七世为治理这一弊端而颁布了第19号法令，制止牧场的扩张，禁止拆毁农民的房屋（这段论述是对统治者的表扬）。

2）亨利八世统治时期，也曾颁布法令，说："很多租地和大畜群，特别是大羊群，全都集中在少数人手中，因此，地租飞涨，耕地荒芜，教堂和房屋被毁，无力养家糊口的人比比皆是。"所以，法令规定个人所拥有的羊不得超过2000只（这段论述是对统治者的表扬）。

3）从16世纪开始，将耕地变为牧场的现象愈演愈烈，而且有暴力掠夺的情况发生。大租地农场主甚至利用议会制定了"公有地圈围法"，这是地主借以把人民的土地当作私有财产赠送给自己的法令，是巧取豪夺。该法令促使大租地农场在18世纪不断地增长，迫使农民从土地上游离出来，投向工业而变成无产阶级（这段论述是批评）。

4）对于农民的房屋和其周边大约4英亩的土地应该给予保护。历代英国的统治者在这方面多有尝试，但越来越失败，资本主义太坏了（这段论述是批评）。

在马克思看来，资本主义是善于将一切都化为商品的，只要它能带来利润，土地自然不用说，甚至连劳动者本身都是商品了，这是马克思讲的"生产关系的再生产"。我们如今的社会比起马克思那个时代怎样呢？现在，土地、劳动力当然都是商品，都是可以买卖的，而我们现在更甚的是，连自然界中的水也都成为商品了，再过不久，新鲜空气就是稀缺物品了，需要花钱才能得到。我们所处的时代已经远远不是所谓"其言喨，其事乱"的时代，而是需要花更大精力、更多智慧来治理空间的时代。

注：写于2014年6月17日。

语汇时代

前两天，随众多的城市规划专家到北京的旧城转了一圈，看了许多旧城改造的项目，项目有大有小，专家们对它们也是有褒有贬。随专家们看了一圈之后，我便想，为什么专家们会对这些项目有褒有贬呢？这些项目的优劣取决于什么因素呢？

如今的社会似乎是一个语汇泛滥的时代，尤其是网络语言甚嚣尘上。一个人，尤其是中老年人稍不留神便out了。很多人对这些语汇津津乐道，因为它们使得我们的思想得以跳跃，使得我们的生活丰富多彩起来。考察语汇的生命历程，我们会发现，那些能够反映当下社会、反映当下人民情绪的语汇，其生命力通常会长一些的。

城市、建筑、艺术也和语汇一样，需要表达，需要花样翻新，需要反映我们当下的社会、我们当下的人文情操、我们当下的审美情趣。

"小米的家和办公室"这两个项目采用的是朴素、低调、节俭、实用的语汇，但却透着"小资"的情调，在朴素、低调、节俭、实用的背后还隐隐地流露出对色彩、构图、氛围的追求，只是不显山、不露水而已。

"大庙酒店"是几个高智商的商人以"追求艺术"和"保护古建"为招牌做了一个大大的赚钱的局，赚钱之后还留一些赞叹和欣赏在人间。它用的是简陋与细节、粗野与奢华、当下与过往、商业与艺术、黑暗与灯火这些近乎对比的语汇，语汇很夸张，但也正好到位，不突兀，有时代感。难怪人家能赚钱，这是语汇的力量。

"杨梅竹斜街"的语汇是七嘴八舌，各说各话，但都是"小尺度、微循环"，表现出来的是整体的欢快。

"胡同博物馆"整体结构似乎是历史与今日对比的语汇，但细节却多是怀旧了，且语汇乏新。整个博物馆展陈方式老旧（大比例的木制模型和墙上的展板），空间缺乏推敲（在正厅里一处三面环院的小阁厅，本来是休息、聊天、喝茶、赏景的地方，却被模型完全填满），表现出设计者词汇量不够、需要充电了。

"玉河整体改造"项目中的青砖灰瓦、几进院落、石墩踏步、院墙壁画，这些都做的无可挑剔，但却表现出了设计语汇老旧、笨拙、勉强、无新、枯涩的境界。即便是玻璃铺盖的石桥古迹、展厅内的激光沙盘也是照抄别人的语汇，缺乏契合与贴切。

记得几年前曾登上复建的永定门城楼，管理人员滔滔不绝地讲述如何勘定原城楼遗址，如何使工人复制古代的木架结构，如何不远万里耗巨资从南方运来金丝楠木以彻底还原古代的材料，我听了后没有一丝感动，只是感到这讲故事的语汇真是匮乏和老旧。语汇的匮乏与老旧还不是什么根本性的大问题，根本问题是这些语汇难以表现当下的社会、当下的情绪和当下的审美，讲述者不知，却还娓娓道来。

如今，网络语汇泛滥，以至于政府在一年一度的高考时不断强调：不得在作文中使用网络语汇。但如果这些语汇能够比较准确地反映了当下社会、当下情绪和当下审美，则这些语汇就是有生命力的，不是一个权力部门想禁就能禁得了的。城市、建筑、艺术也是同样，需要新的、有生命力的语汇。当然不必去刻意追求那些时髦的语汇，但要讲好一个故事，还真是要仔细推敲一下该用什么语汇才好。

准确、恰当的语汇是不可少的，准确、恰当还同时是自己的语汇则更妙。

注：写于2014年6月23日。

周末傍晚的故事

前两天的一个周末傍晚，空气清爽，夕阳无限好，突然心血来潮约了两位美女同事到旧城一游。我们来到紧邻故宫东墙一个叫皇家驿站的酒店，爬到了位于酒店楼顶的露台咖啡厅。啊，视线真是好啊，向西而望整个故宫，此起彼伏的金色屋顶像波浪一样，而且近在眼前，温柔的夕阳正欲坠下天边，更是将那屋顶再洒一层绚烂。而在远处，那鳞次栉比的无数栋高楼也格外清晰，高耸的、矮胖的、尖顶的、圆顶的、玻璃墙面的、钢筋混凝土的，参差不齐，万千姿态，像是舞台后面的背景大幕一样围绕在精致剔透、辉煌灿烂的古代皇家宫殿周围。

望着近处故宫内的金色屋顶，望着远处那灰色的高楼群，我突然来了兴致，向身边两位美女同事讲开了所谓城市天际线的问题。"看，这故宫的大屋顶多么漂亮，庑殿、歇山、重檐、鸱吻，优美的曲线、富贵的色彩，只是如果没有远处那些乱七八糟的高楼的话或者那些楼不要这么高，而让这故宫的屋顶映衬在蓝天下，就更美了。"

我左边的美女同事一边听我说，一边微蹙眉头、沉默不语，我右边的美女同事却在我滔滔不绝时轻轻地插了一句："这不挺好嘛！这就是民主啊！"

美女同事的一句话将我的滔滔不绝打断了，我那还在比比划划、指点江山的手僵在了空中，我嗫嚅道："哦！？是，是啊……"

是啊，本来就是嘛。为什么只有大屋顶的曲线才美呢？为什么鳞次栉比的高楼就丑陋呢？为什么周边的高楼就不能盖过皇家的宫殿呢？

我听说在城市规划领域里有一个专业叫城市设计，这个专业很重要的一项工作就是设计城市的天际线。我还听说北京的城市天际线是一个锅底形，建筑的高度从故宫往外逐渐升高，这个规定是依据人站在故宫太和殿前的广场上向外望去要看不到周围新建的高楼而定的。

美女同事的话让我反思，为什么非要让人从太和殿的广场上看不到周边的高楼呢？这是帝王思想吗？还是规划师情结？是美学定律吗？还是阶级立场？是职业人的一厢情愿呢？还是普罗大众的基本认知？要知道，当翻身解放的普通人民能够从周边的高楼上望见故宫里面，那心情该是多么愉快啊。

我和美女同事所处的皇家驿站露台咖啡厅只有4层楼高，只能看到故宫的屋顶，此时我们已经欢欣雀跃了，如果是14层呢，24层呢，那样我们就能将故宫尽收眼底了，我们岂不更快乐。

这个清爽美好的周末傍晚旧城游着实让我们很高兴，美女同事的话也让我想了很多，晚上回到家写了一首诗算作这一天的日记。

晚来登驿站，
夕阳伴双娇。
群楼压皇顶，
道说民主好。

注：写于2014年6月26日。

建设世界城市，勿忘宜居城市

北京要建"世界城市"了！据专家们说，所谓"世界城市"就是"国际城市"的高端形态，这可真是一个令人兴奋的消息。然而，兴奋之余，却有一些忧虑，觉得在强调"世界城市"的时候，有些忽略了"宜居城市"。

北京的总体规划提出，北京的城市定位是"国际城市、国家首都、历史名城、宜居城市"。北京作为"国家首都"和"历史名城"已经是现实和不争的事实了，而现在我们要着手建设"世界城市"——这个"国际城市"的高端形态。显然"国际城市"的目标业已基本达到，但我们距离"宜居城市"的目标还有多远呢？是不是"世界城市"建成了，也就是"宜居城市"了呢？似乎还有一些疑虑，主要是想到了几个日常碰到的问题。

1．教育问题

"在我们这样一个有近12亿人口、资源相对不足、经济文化比较落后的国家，依靠什么来实现社会主义现代化建设的宏伟目标呢？具有决定性意义的一条，就是把经济建设转到依靠科技进步和提高劳动者素质的轨道上来，真正把教育摆在优先发展的战略地位，努力提高全民族的思想道德素质和科学文化素质。这是实现我国现代化的根本大计。"

上面是中央领导同志1994年在全国教育工作会议上讲话当中的一小段，虽然时间过去了十几年，但现在看来仍然没有过时。这其中重要的一点是"真正把教育摆在优先发展的战略地位"。

教育是一个民族和一个国家发展的推动力。而观察我们现在的教育状况，会发现还存在很多问题，如教育资源配置不平衡、基础教育在很大程度上是应试教育等等。这些问题的表象就是城乡教育水平的差别很大，而且孩子们几乎从一出生就开始为了高考而竞争，从而使得教育缺少了乐趣。

我们是否应该再多花一些力气来研究研究教育问题呢？这是关系到民生和民族的大问题。尽管一个城市要想改变整个国家的教育状况不太现实，但在一个城市里面尽可能地让教育资源得到平衡配置，让这个城市里的居民把接受教育看作是一种享受，这些还是有空间可以作为的。

2．医疗保障问题
医疗保障问题是一个根本的民生问题。目前的中国医疗保障体系还存在着保障覆盖不足、保障力度不够、费用控制不力、运行效率不高以及保障制度不公等一些问题，而这些问题带来的直接结果就是"看病难、看病贵"。

北京居民现在看病是比较困难的一件事，病员多、收费高、就医环境差等问题往往让人望"医"却步。我们是否应该在建设世界城市的同时，花一些精力来研究一下北京居民的医疗保障问题呢？比如，如何实现全市居民医疗保障的全覆盖？如何搭建以公共医疗保险、社会医疗救助体系和商业健康保险为支柱的医疗保障制度框架？如何真正地让所有市民都身有"医"靠？

同样，这个问题也是和整个国家的相关政策联系在一起的，靠一个城市很难从根本上解决问题。但如果我们真正动脑筋、想办法，是否也有空间可为呢？

3．住房问题
住房问题仍然是北京市民面对的一个"焦点"问题。我们还有几十万户居民住房条件很差，亟须改善。随着世界城市的建设，北京的住房价格可能会越来越高，居民住房的负担会越来越重。

当然，北京不缺豪宅，世界级的豪宅也不少，但一个城市里居民住房条件的巨大差异，也是影响这个城市民生的一个大问题。

4．交通安全问题

交通拥堵问题越来越让北京的市民头疼。然而堵车是一个问题，交通安全则是一个更大的问题。

我们的孩子们每天骑车上下学，穿行在机动车的车流中，这真是让家长们胆战心惊的事情。即便是神州第一街——长安街上，骑车也不是很安全。公共汽车一进站，就将自行车挤到了机动车道上，秩序很是混乱，安全隐患很大。复兴门外大街长安商场门前一段就是一例。

就在北京市规划委员会和北京市城市规划设计研究院门前的南礼士路上，有两条行人过街的斑马线，每天要有成百上千的过路人通过这两条斑马线穿过并不宽的南礼士路。但这两条斑马线没有红绿灯，路人穿行要左顾右盼、见机行事，而过往的机动车几乎没有一辆见到行人而停下的，哪怕是减速也好啊！机动车呼啸着从路人的身旁飞驰而过，就连挂着"青年号"、"文明号"的公共汽车也难得停下或减速，让一让斑马线上的行人。身手敏捷的青年人、成年人还好，连蹦带跳，瞅准机动车的空当过了道路，而老年人则真是难啊，难于蜀道行。

每当看见这些景象时，心中不免疑问：这就是我们的世界城市吗？还是说世界城市真的到来时，情景比这更糟？

其实，这些问题，还不是非常棘手的问题。我们只要花上建设世界城市百分之一的精力和财力就可以解决。比如，清理一下自行车道上的障碍（如乱停车）让自行车顺畅通行，为自行车道加设护栏使得孩子们骑车上下学时更加安全，公共汽车停靠站可以改成"岛式站台"，别再让自行车被挤到机动车道上去，行人过街的斑马线可以加装红绿灯别再让行人心惊肉跳地过马路。

5.生态绿化问题

西方发达国家的大城市，在经历了几百年的城市化进程后，都普遍感觉到，城市的最大问题是生态环境恶化的问题。现在，居住在这些所谓"发达"的大城市里的居民，对每一块绿地、草坪、树荫都倍感珍惜。

而现在，我们北京要建设世界城市，对每一块土地的斟酌更多的是从其产生的GDP上考虑，而不是从生态环境、小气候、居民休憩使用上考虑。即便是多年以前就实行的"绿化条例"，现在也要巧妙地加以修正：绿地是可有可无的，或者巧妙一点可以"化零为整"的，而实际操作上是能少则少的。相反的是，那个可以带来直接GDP的建筑面积则是越多越好。

是的，建筑面积越多，带来的GDP也越多，我们操控世界的能力也越强，离世界城市的目标也越近，但距离宜居城市恐怕是越来越远。

6.人口问题

北京人很多，压力很大，很多城市问题和社会问题都是由于"人多"而引发的。但世界城市的建设会让北京的人口减少吗？北京的资源能够承载越来越多的人口吗？

7.建筑高度问题

建筑高度问题本来是个美学的问题，有人喜欢高的，有人喜欢矮的，对此本无可厚非。但现在我们似乎可以确认的是，建筑高度越高，距离世界城市的目标就越近。但是，从目前世界上所有城市的各种信息资料上看，还没有一个城市反映出，城市的建筑高度越高，城市距离宜居城市的目标越近。

很多规划师、建筑师——无论是有名的还是无名的，都有很多关于建筑中人与地面之间最佳距离的理论。这些理论论述了居民在多少层的居住建筑里可以照顾到地面庭院里的孩子从而有安全感，论述了工作人员在多少层的办公建筑里面可以有效地感受到地面花园的影响从而也有放松感。难道这些简单粗浅的理论都已经过时了吗？所谓的"安全感"、"放松感"都是夸大其词吗？世界城市来临的那天，我们不需要这些所谓的"安全感"和"放松感"吗？

8．城市承载力问题

建筑高度提高了，建筑面积不会因此而提高吗？试想，一栋100米高的建筑，被拉成了200米高，其建筑面积还能保持不变吗？显然，高度的提高必然导致面积的增大。

如果所有的建筑都增加了建筑面积，对城市基础设施的要求则必然增加。是否可以这样认为：建筑高度越高，建筑面积就会越多，对城市基础设施的需求就会越大。问题是，此种"需求与供给"的关系总会有一个限度吧？难道会"无限"吗？抑或我们真是要像哲学家追求"宇宙本源"般那样去追求这城市的"无限"和"穷尽"吗？

建筑高度的提高导致了建筑面积的增加，建筑面积的增加显然加重了城市基础设施的负荷，城市在高负荷的情况下运转，必然加大安全隐患，防灾减灾的能力减弱。这个观点应该不是危言耸听。

孟子讲过一句话：民为重，社稷次之，君为轻。这句话耳熟能详，因为它道出了人类社会的一个本末关系。我们暂且将"君为轻"放在一边，那么能否将孟子的话前两句改一下，变成"宜居为重，世界次之"呢？

亚里士多德说过：城市让生活更美好。是的，我们都沉浸在对城市美好生活的向往中。但城市是什么样子的才算美好呢？

一种城市是：繁荣的、喧闹的、紧张的、高速运转的、汽车从身边呼啸而过的、生产力高的、消费水平高的、物价高的、人口众多的、竞争激烈的、建筑高耸入云的、人走近建筑有些压抑感的、现代化的、辉煌的、老年人可以住进豪华养老院但子孙们却没有时间来探视的、地球人都知道的、能影响世界的、能统领世界的、一跺脚甚至一咳嗽世界要颤一颤的……

另一种城市是：节奏缓慢的、反应迟滞的、人们不追求上进的、人们还些许有点忧郁的、人们小富即安的、孩子上学有校车接送的、校车比装甲车还结实的、劳动者很早就下班然后无所事事的、野生动物就在几里之遥的、小松鼠在窗台上乱蹦乱跳的、老百姓出门不用锁门的、人们每年一次洗牙可以医疗保险的、人们死后骨灰就埋在树下而不用撒到海里或送上太空的……

两种可能都美好，也都有缺憾。就看我们的选择了。

注：写于2010年。

节约与浪费

前两天，一同事过生日请客招待大家，盛筵吃罢，只见餐桌上竟然还剩有一半的饭菜，尽管最后将所剩之食打包走人，但终觉会有些浪费，因为这年头，谁会吃剩菜剩饭呢。中国饭是世界上最好吃的饭，但中国人也有浪费饭菜的坏习惯。

单位门前的马路又要整修了，便道上的地砖要重新铺一遍，可是看看原来的地砖并没有什么不好啊，也是透水砖，才铺过没几年啊。直觉上只要花费现在工程十分之一甚至不到的人力物力，将一些破损的地砖、路缘石换一换、补一补，稍加整修就行了，完全没有必要全部重新来一遍。虽然我不太懂这些工程背后的来龙去脉，但看上去就是觉得有些浪费。

英国著名经济学家凯恩斯（John Maynard Keynes，1883—1946年）曾提出过一个"节约悖论"（Paradox of Thrift），挺有意思，和我们传统的关于节约的观点大不相同。凯恩斯用了一个动物的寓言来阐述他关于节约的看法。他说：有一窝蜜蜂蜂群，每只蜜蜂都整天大吃大喝，蜂群十分繁荣兴盛，后来一个读书人跟它们说，你们不能如此挥霍浪费，要学会节约，要懂得珍惜资源，蜜蜂们听了读书人的话，觉得有道理，于是改变了大吃大喝的习惯，处处节俭，可是不久，整个蜂群却从此迅速衰败下去，一蹶不振了。凯恩斯讲这个寓言故事当然不是要我们人类大吃大喝浪费资源，而是要佐证他在经济学问题上的一些论点。但凯恩斯提出的"节约悖论"确实在我们人类中也同样发生，这是一个奇怪的现象，难怪称为悖论。

美国是个消耗能源大国，但美国的国民经济却总体上都是在世界领先的；阿联酋和沙特这些国家也是挥金如土，但也没有看到他们日渐衰败的迹象，反倒是日日笙歌。我们在促进经济发展的时候，常常提到要拉动内需、促进消费，尽管消费不是浪费，但消费和节约是绝对相反的概念。于是我们就会看到，每当经济低迷时，政府就会出台一些政策来刺激人们消费，只有消费上去了，经济才会发展。

最近听说政府各级部门开会都不摆花了，城市广场上的用花量也在减少，这样一来，政府的财政支出可以减少，可是，很不幸的是，却听说远郊花农们的生意因此大受影响。单位门口的马路如果只是简单的维护和整修，投资会省很多，但修马路后面的一系列产业链都会受到影响，修路工人失去工作，造砖厂产量减少。这一切一切似乎都应了凯恩斯的"节约悖论"。难怪有人说，到现在为止，还没有哪个经济学家能够破解它。

我不是经济学家，我也不会用数学模型来模拟蜂群或人群在消费与发展方面的行为模式。但我想凯恩斯的"节约悖论"在理论上可能存在两个模糊点：一是蜂群所处的生态体系是封闭的还是不封闭的，二是体系内的资源供给是否足够多。假设一个蜂群处于一个完全封闭的生态体系中，一切生活资料都是靠体系内的资源来供给，如阳光、水、空气、植物、花粉等，而这些资源并不是取之不尽用之不竭的，那么蜂群无论如何是不敢随意浪费的，必须要小心翼翼、加倍谨慎地生活才行，否则，整个蜂群很快就会因为资源枯竭而消亡。而凯恩斯提出的"节约悖论"中的蜂群在开始时之所以可以肆无忌惮地浪费，是因为蜂群生活的生态体系是开放的，资源供给大大充足，蜂群无资源匮乏之虞。

我猜想，远古时代的人们可能对于水资源不是很珍惜，因为那时人口数量还不是很多，相对来说，水资源就比较充裕，淇水汤汤，渐车帷裳，人们只要找到一条河流就可以依水而生了。我们可以认为水对于远古的人类完全是一个开放的生态体系。但远古的人们对采集到的植物和狩猎到的动物就不能随便浪费了，因为不知道明天还会不会采集到或狩猎到，驱骥孔阜，六辔在手，陟彼阿丘，言采其虻。野生植物果实和野兽动物对于远古的人们来说是一个半封闭的生态体系，因为这需要人类的体力和技能来决定。古时候，除去水资源可以假设源源不断外，人类能够支配的体系不够庞大，资源不甚充裕，所以古人应该是比较节俭慎行的。

现代人因为技术的进步，使得人类能够支配的体系扩大了很多，资源看上去充裕了很多，于是人类开始浪费了。再由于人类社会分工的细化，一部分人的浪费促使了另一部分人的发展，于是就有了凯恩斯的"节约悖论"。

如果我们将人类生活的地球看成一个近似封闭的生态体系，我们对于资源的认识可能会有所变化。英国科学家就曾提出过"一个地球"（One Planet）的理论，这个理论包含两个含义。第一个含义是：根据计算，对于整个地球及人类来说，较为合理和可持续的人地关系为，每个地球人需要1.8公顷的土地来支撑以提供资源和处理废物，如果全世界的人都按照现在西欧人的耗能和耗资源标准来生活的话，则将需要3个地球来支撑我们人类，所以，我们必须要有节制地生活。第二个含义是：我们都生活在一个地球村里，大家应该互相帮助，帮助别人实现低碳、减排，就是在帮助地球，就是在帮助自己。

"一个地球"理论实际上是对凯恩斯"节约悖论"的破解。在我们目前还没有找到能提供充裕资源的另一个地球的时候，我们人类还是应该要有节制地生活吧。

注：写于2014年7月11日。

考证"首尔"

一个学城市规划的韩国学生来实习，我便生出好奇，希望这个韩国学生能解答我一个问题。这个问题是关于韩国首都首尔的，即"首尔"这个名称是如何来的？它是否有对应的汉字？

多年前，我们把韩国的首都叫做"汉城"。后来我到韩国游览，发现韩国人自己称首都为서울，日语翻译为ソウル，英语翻译为Seoul，这三种语言的发音非常相似，可以认为，日语和英语版本是从韩语音译而来。可是我们中文里却称"汉城"，从发音上看完全没有对应关系啊。进一步调查后，我还发现韩语中서울这个词本身就没有汉字对应。在朝鲜半岛上，汉文化影响非常之深，很多词汇都是有汉字背景的。就拿韩国人的名字说吧，每个人的名字都可以写成汉字，而且往往他们自己也都认得这些汉字。很多城市也一样，它们的名字都有汉字背景，但唯独这个韩国首都的名字서울我却没有发现它的对应汉字。就此问题曾经问过一些韩国人，他们也告诉我，서울就是서울，没有汉字。

这个问题一直萦绕在脑中，今见有韩国学生来，我想正是机会，于是便将我的想法告诉了同事，由同事转告这位韩国学生，希望他能就此问题做一个小小的research。

韩国学生动作很快，只一天多的功夫便交上答卷。我的同事说，见他在网上查资料，也听他打电话，估计是咨询了他远在韩国当大学教授的父亲。答卷是用英文写的，我整理、汉化一下，供大家参考。

关于서울一词的来历，有很多说法：

1）最为可靠的一种说法是，在朝鲜半岛的新罗时期（公元前57—公元935年），人们管首都叫Suhrabul；

2）还有一种说法，Suhrabul这个词当时被写成"铁源"两个汉字，因为"铁源"两字的发音近似"Sue-Bul"（我对这个说法较为怀疑，"铁源"两字的汉语发音离Sue-Bul实在太远，也可能古代朝鲜的发音是这样）。

3）在朝鲜王朝期间（1392—1910年，即李氏王朝），Seu Bul这个词被用来替代汉城、京府、京城、京都、京师这些词，它的意思就是首都，并不是一个具体城市的名称；

4）在日本统治时期，首都曾一度被称为Kyungsung（庆星），解放后（应该是第二次大战结束后），政府又把Kyungsung改为Seoul；

5）罗马字母版本的Seoul最初源于法国传教士，他们把韩国首都发音成Sé-oul（Se-Wool）；

6）无论是Seoul还是Sue-Bul，它们是纯粹的韩语，历史比较久远，而且没有汉字对应。但在朝鲜王朝期间，当地很多华人却把韩国首都称为"汉城"（可能是因为，城内的河流为"汉江"，古城曾名"汉阳"），这是华人的创造。但这一名称已经在韩国社会中消失近乎100年了，政府也曾宣布停用"汉城"这一名称。中文中对韩国首都的翻译曾经一直采用"汉城"，而直到2005年，中国在表述韩国的首都时方才开始采用"首尔"或"首爾"作为官方用词；

7）古时候，"汉阳"或"庆星"只是指具体的一个城市，而在现代韩语里，"首尔"一词不只是代表首都这个城市，还指首都地区。

韩国学生的research大体意思如上，括号内的文字是我加上的一些注解。虽然看上去还有些凌乱，不成系统，但总体概念还是有的，即

①"首尔"一词是地地道道的韩语,并不是汉语词汇演化而成的,所以它没有对应的汉字;②"首尔"一词不是一个城市的名称,而是指首都或首都地区。

希望以上这些"考证"对关心韩国城市发展的专家们有所帮助。

注:写于2014年7月21日。

朝鲜半岛及首尔

在亚洲东部，在黄海与日本海的包围之中，有一块土地异军突起，从大陆架上径直向南伸展出去，这一伸展就是1000余公里，从而在地理上形成了一个大大的半岛。这半岛就是朝鲜半岛。

根据考古，我们知道，朝鲜半岛上在几十万年前就有人类居住了。学者们推测，朝鲜半岛上最原始的住民可能是来自亚洲大陆北部的某些原始部落，后来这些部落逐渐从半岛北部南迁，直至占领整个半岛。而这些部落在迁徙的过程中，也在不断地衍变，部落之间互相融合，以及新部落的不断加入，逐渐地，就形成了一个新的民族，朝鲜民族。

从自然经济的角度来说，朝鲜半岛在公元前10世纪时开始进入青铜器时代，在公元前4世纪时则开始进入铁器时代。

而从氏族和社会的角度来说，朝鲜半岛在大约公元前24世纪时，便进入了统一的状态，有了城邦与国家。传说，在一个宁静的早晨，一位仙人降临在一棵大檀树下并统一了这个国家，于是此仙人被称为"檀君"，他的国家被称为"檀君朝鲜"。后来，朝鲜半岛又经历了箕子朝鲜、卫氏朝鲜、汉四郡、三韩、三国、新罗、王氏高丽、李氏朝鲜等有史可考的时代。

朝鲜半岛在历史上有很长一段时间都是中国大陆封建王朝的藩属国，其文化受中国大陆的文化影响甚重，文字、宗教都深深地烙印着汉字与儒释道精神的痕迹。

高丽王朝的末期，昏君当政，如沸如羹。王朝的一位大将军李成桂

（1335—1408年）经过多年的叛乱、隐忍、政变，终于在1392年推翻了高丽王朝，自己登上了国王的宝座，建立起李氏王朝。李成桂建立新王朝之后，首要一事便是派特使千里迢迢赶到南京，向当时的宗主国大明朝禀报半岛事变，并表示臣服大明，按时进贡。大明朝皇帝朱元璋这天一觉醒来，见了来使，闻得此讯，大喜，并欣然为半岛新王朝命名——朝鲜，意即早上的太阳。（"朝鲜"之名在朝鲜半岛的王朝国名中也曾出现过，所以，为避混淆，后人多以"李氏朝鲜"称之。）

在李成桂叛乱、隐忍、政变、称王的前前后后，得到了一个读书人的大力帮助，这个人叫郑道传（1342—1398年）。郑道传是高丽朝大儒李穑的得意门生，自幼好学，饱读诗书。他不满高丽王朝的昏庸无能，于是投靠李成桂，为李成桂登基立下了汗马功劳。李成桂称王后，认郑道传为开国一等功臣。

李成桂登基后，认为原先的国都开京（今朝鲜开城）风气不佳，决定迁都，郑道传等人受命为新国都择选佳地。郑道传见汉江之北的汉阳城（今首尔）山环水抱，北有北汉山和北岳山，东有洛山和龙马山，西有仁王山，南有南山和汉江以南的冠岳山，汉江自东向西环抱城南，呈龙砂水穴、山水襟带的上好格局，于是便于此大兴土木，营建宫殿、宗庙、社稷、衙署、道路等。1394年，李成桂正式将都城从开京迁移到了汉阳，并命名为汉城（Hanseong，한성）。在朝鲜王朝时期，汉城又称"都城"、"京城"（注意，此处关于"汉城"一名的来历和前篇文章中韩国学生的考证有出入）。

郑道传在汉阳的规划建设中发挥了巨大的作用，所有宫殿、庙宇、城门的位置都由郑道传规划拟定，甚至连它们的称号也出自郑道传之手。郑道传也是治国高手，他编纂了相当于治国宪法的《朝鲜经国典》，为后来延续500余年的朝鲜王朝奠定了法制和理论基础。

1910年后，日本人统治朝鲜半岛期间，汉阳城改名为汉城府。1945

年，韩国复国，汉阳城的名字更改为首尔。如今，首尔已经发展成为一个拥有1000多万人口的国际性大都市，是韩国的政治、经济、文化、科技中心。

注：写于2014年7月23日。

回忆地震

1976年7月28日，对很多人来说都是一个永生难忘的日子，因为这一天的凌晨3点42分，发生了唐山大地震。此次地震，里氏7.8级，持续时间12秒，24万人须臾间失去生命，全国为之一震，世界为之一惊。我的家在天津，虽然距离震中还有100多公里，但其惨状也是不忍目睹。今又逢7·28，往事依旧不堪回首，但是，正是由于今天这个特殊的日子，还是回忆一下这次地震的一些事情。

我那时正上中学，暑假里学校组织到农场学农、学军。这天白天的时候，老师发现井里的水变臭了，以为是哪个学生往里撒了尿，于是把我们所有同学集中起来训斥了一顿，并责成几个调皮捣蛋者协助工人将井重新淘了一遍。晚上，我们在几名解放军战士的指导下进行军事训练，扔了几颗教练弹，把农场的狗都吓得狂吠不止（事后想来，这是一个巧合，那狗吠到底是因为教练弹的缘故还是因为地震前兆，说不清了）。因为军事训练，那天夜里我们睡得很晚，好像都过了半夜了才就寝，累得不得了，倒头便睡。正在我酣睡的时候，突然听到和我们住在一起的一名解放军战士的大声吼叫："地震了，快跑！"我至今都清晰地记得这位解放军战士的吼叫声，我那时正酣睡，隐隐约约地能听到隆隆的声音，也能感觉到一些颤动，但若不是这位解放军战士的大声喊叫，我是绝对醒不了的。

从睡觉的平房的教室里跑出来的时候，我发现教室对面正在施工的一间房屋有砖头从墙头上掉下来，吓得我转身又向一旁跑开。

夜黑乎乎的，还淅淅沥沥地下着小雨。我们一群少年当时还不知道害怕，只是好奇，因为有生以来还从来没有遇见过大地震，也不知道它的危害有多大。我们在农场的院子里一直坐等到天亮，然后学校通知我们说，全体学生步行走回城里。

从农场到城里的一路上，只见很多房屋都已倒塌，其状仿若电影里的战争场景。我一路走一路在担心我们家的房子。我们家在我上小学的时候搬到了离我姥姥家很近的一处房子，从我们搬进去时就说这个房子是危房，政府不久就要拆除重建，所以当我看到沿途这么多的房子都倒了，我非常担心，不知我家的房子如何。走了大约快两个小时吧，我们回到了城里，回到了天津第二十中学。然后，当我走回不远的我们家的房子时，我意外地发现，我家的房子竟然依然矗立在那里，只是有些地方的外墙皮脱落了。

当年11月中旬左右（记不特别清楚了，总之是在冬天），一天晚上，又发生了一次大的余震，我正好在家中，巨大的晃动让人非常害怕，只听见整个楼体都在发出嘎嘎吱吱的巨大的声响，似乎随时要散架坍塌。但晃动过后，除了屋内的锅碗瓢盆散落一地外，楼还是原先的楼，房间还是原先的房间，我们仍旧可以照常的生活。

我后来上了大学，学了建筑设计和土木工程后才知道，原来我家那房子是所谓木结构的，楼内是木地板、木楼板、木楼梯、木柱子，只有在楼的出入口、卫生间和建筑外皮处才会有水泥或混凝土构件出现。所以，我后来才知道，房屋、桥梁这些庞大的人工构筑物，抗震的最好办法是柔性连接，以柔克刚，吸收能量。

我家那房子如今已被拆除了，它曾经坐落在马场道与合肥道、广东路交口的东南角，从老地图上看，属于过去的美租界区，所以，我猜想，那房子有可能是美国人盖的。我姥姥家位于马场道北侧，属于英租界区，与我们家仅有200米的直线距离，地震也没有对我姥姥家的房屋造成太大的损坏。在我的印象里，唐山大地震后，整个五大道地区很少有房屋倒塌的，甚至很少有房屋在震后进行加固。我想，这房屋设计中关于如何抵御地震这个问题必定大有文章，值得我们认真地加以研究和反省。

在今天这个特殊的日子里，写一篇回忆文章，以作为对38年前唐山大地震的一种祭拜。

注：写于2014年7月28日。

好大一个天

中国的古人们是如何建造城市的？中国古代有哪些城市规划理论？对于这样的问题，中国的城市规划师们会毫不犹豫地说出《周礼·考工记》。《周礼》一书，又名《周官》，大约是春秋战国时代出现于社会上的关于如何治理国家的一部"官书"，作者不详，估计是一个怀才不遇如孔子一样的人（有人考证说，《周礼》的作者实际上是公元前11世纪的周公姬旦，暂且存疑吧）。而《考工记》（实际上《考工记》为西汉时期出现的著作，被后人添加到《周礼》当中）是其内之一篇，专门讲制车、兵器、礼器、钟磬、炼染、建筑、水利等手工业技术，也涉及天文、生物、数学、物理、化学等自然科学知识。《考工记》中有很多关于城市建设方面的议论，而尤为"匠人营国（国为都城），方九里，旁三门。国中九经九纬，经涂九轨（一轨为8尺宽）。左祖右社，前朝后市。市朝一夫（一夫为100亩）"这段话被规划师们奉为圭臬，经久传颂。这段话如同《周礼》全书一样，体现出那个时代的统治者对于城市建设的一些理念，即礼仪、秩序、规整、人工、管束等等。可以说这是典型的儒家思想。

春秋时期，齐国宰相管仲（公元前719—前645年）很是能干，是个治理国家的好手，也很有思想。他死后，他的弟子们便把管仲的言论编成了一本书，名《管子》。《管子》这本书也是关于如何治理国家的，包罗万象，杂糅道儒，涉及政治、经济、法律、军事、哲学、伦理道德等各个方面。而涉及城市建设方面的，管子也有论述，经典的一段话为"凡立国都，非于大山之下，必于广川之上。高毋近旱而水用足，下毋近水而沟防省。因天材，就地利，故城郭不必中规矩，道路不必中准绳。"这段话是说，建设一座城市，选址要视地形和水利条件而定，城市不一定非要方方正正，道路也不一定非要笔直笔直。中国的哲学史上没有把管仲划入道家一派，但管仲的这段话却是地地道道的道家思想。

北京城的建设，自2500多年前的蓟城以降，经辽、金等朝代，无不围绕着山、水、城这些主题而经营。到了13世纪，一个汉人为蒙古人统治的朝代起名，他采用了"大哉乾元"中的两字，即"大元"，而所谓"大哉乾元"的意思就是"天好大"。这个汉人叫刘秉忠（1216—1274年），号称大元帝国设计师。后来，刘秉忠又奉命建造元朝的首都元大都（元上都也为他所建，真是牛人）。于是，他在金中都的东北方向选了一处风水绝好的地方，以琼华岛为中心，放强弓之箭，箭矢所至便为城之边缘，遂围墙而成一方城。这就是中国城市建设史上著名的元大都。

刘秉忠的方城基本上可以说是按照《周礼·考工记》的礼制而建，方九里，旁三门，九经九纬，面朝后市。但仔细打量后，又觉也不尽然。刘秉忠的方城里，东半部分街衢井然，严密齐整，而西半部分则被弯曲的宛如游龙的自然水系占了很大一部分，那九经九纬的道路并不能通贯全城，严整的路网格局在西部被打破了。

每每看到元大都的地图时，我们都会有一个疑问，为什么当初选址的时候，刘秉忠不能把整个城向东挪一挪躲开那块自然的水系呢？北京平原如此之大，向东挪个几公里不算什么。后来，当我们读到"大哉乾元"时，我们就会明白，原来，刘秉忠就是要这样的，他要让元大都城既要有考工记的礼制，也要有管子的因天材就地利，既要有秩序，也要有自由，既要整齐密实严谨，也要蜿蜒疏朗灵动。是的，当我们眯起眼睛看那元大都的地图时，那分明是一张太极图啊，黑白相应，虚实相间，可见，刘秉忠把他自己的世界观、审美观画在了元大都的蓝图里了，我们仿佛会听到他在呼喊，好大的一个天啊！

中外历史上很多规划师、建筑师都会把自己的世界观或审美观刻写在自己的作品当中的。公元前27世纪，古埃及的建筑师伊姆霍特普规划设计了尼罗河畔萨卡拉的佐塞法老陵墓，被后人称为"埃及宇宙观的象征性具体化"。中国西周时期的周公姬旦，规划设计了洛邑古城，为《考工记》的理论提供了实际案例，春秋时期的管仲把他的世界观倾注在治国的方略中，而元朝时的刘秉忠于元大都也是如此。如今，我们正在搞所谓的"总规修改"，我们该怎样刻写我们的世界观呢？

注：写于2014年8月4日。

设计周观后感

GJ：你好！

国庆节这几天真是亚历山大啊，按照你的要求，我看了史家胡同和内务部街、大栅栏、白塔寺这几个地方，感受还真是挺多的，也挺开心。但一想到你要我写观后感的"请求"，心中还是有些忿忿然，这是什么世道啊，下属给领导布置作业，而且还振振有辞、不容辩解。本不想完成这个作业的，但又突然想起前不久一人大教授被学生指"学术垃圾"一事，于是便不敢了。嗯，还是乖乖地交一篇作业吧，不求什么学术，只要不是垃圾就行。

看了这么多，说些什么呢？嗯……还是1234吧。

1. 关于精英和他们的作用

看了这几个地方的展览后，第一个感觉就是所谓的"精英"们现在真是不得了，生生地就真的在本来是柴米油盐酱醋茶的胡同里搞起了展览，搞起了艺术，为原本沉闷呆板的胡同带来了外面的参观客，也带来了生气。

"精英"们（如你及你们）来了，胡同的生活被稍微改变了一些（有人来了），但真是要把胡同生活加以改变的话，恐怕还是要做很多工作的。精英们通常都有一套很好听的话语、很美好的理想、很动人的规划，但胡同里的住民们是否懂得，抑或懂得了是否真的要行动则是另一番事情。

梁漱溟在早年也曾参加乡村运动，他说："本来最理想的乡村运动，是乡下人动，我们帮他呐喊。退一步说，也应当是他想动，而我们领着他动。现在完全不是这样。现在是我们动，他们不动；他们不推不动，甚且因为我们动，反来和他们闹得很不合适，几乎让我们作不下去。"（梁漱溟《乡村建设理论》）梁漱溟说的情况在今天的精英与住民的互动活动中也仍然程度不同地存在，社会要前进（如旧城和胡同改造的事情），离不开精英，但住民们的自觉自愿也很重要。精英要唤醒大众、指引大众需要一定的时间和耐心，需要失败和挫折，需要总结经验。

但无论如何，我觉得像设计周这样的活动还是很有意义的，它是个开始，是精英们与胡同住民（包括其他市民）接触的开始，是精英们的理念被公众参与、认可、批判的开始。

2. 关于文化自觉和文艺复兴
精英们似乎都是有文化的，住民们有文化吗（原谅这里我把精英与住民的概念简单化了）？当然有，住民们就生活在文化里，那些胡同就是文化、就是历史。看见一个展览讲"文化自觉"（大栅栏劝业场里的展览），我想，这自觉是精英们的自觉呢还是住民们的自觉？可能都是，因为整个社会都在"文化自觉"，都在开始认同胡同的历史和文化。对比十几年前或二十几年前，那时的人们（包括政府官员、胡同住民，也包括一些学术界人士）对于胡同的概念就是落后、脏乱差，急欲拆之而后快，若要问起这胡同的历史和文化，大多摇头不屑一顾的样子。是的，改善生活环境比起什么文化啊、历史啊要急迫得、多重要得多。

曾经看到一位市级领导在电视里讲，保护旧城和胡同这个事情与现代化城市建设是一对矛盾，政府的作用就是在协调这个矛盾。俨然是个中立派，或解决矛盾的角色。我对这样的讲话不以为然，因为他没有搞清政府责任的轻重缓急，就像围棋里讲的，分不清大小。现在的情况已经有所不同，政府官员不会再讲这样的话了，讲出来会被人笑话，被人笑落后于"文化自觉"。

但拆掉胡同、不保护旧城就不是"文化自觉"吗？哈哈，这是个较真的问题。如果某个人极力主张拆掉胡同、全盖高层、抛弃旧城，我们能说这个人没有文化、没有自觉吗？嗯，暂且不讨论这个问题吧。

看到有展览将"文化自觉"翻译成Chinese Culture Renaissance"文化复兴"了，我们能将我们现在所做的事情看成是文化复兴吗？也许吧，这个要后人评说才可，自己不可给自己扣上一顶大帽子，仿佛天将降大任于斯人也一般。

3．关于展览的语汇和场地
展览的语汇是个问题，轻松、诙谐、随意，甚至无厘头都是当今的语汇了。斯坦尼已经不吃香，布莱希特正大行其道。这也是文化自觉吗？

如Bearings（白塔寺街区的一个艺术展览，将一个破旧的院子全部喷上白灰，黑衣人于内演奏小提琴）那个在废墟里演奏小提琴的等等都似乎是无厘头的语汇表达。但我觉得这是对比，黑与白的对比，高雅与废墟的对比，是一种设计语言，抽象的设计语言。我想，这个展览的策划者多多少少也有些无厘头的理念，但恰到好处，此地正好。

以前我们也做过展览，总体规划展览。我们费了好大的劲儿，把文字、图片都放大贴到板子上，隆重地展出，但总觉得展览效果并不好，劲儿没有使到地方。后来想想，其实，这种展览可以不做的，直接把资料发到参观者手中就是了，让参观者自己像看书一样去读文字、去看图片，效果不是一样的吗？干嘛非要放大贴到板子上呢？而且那书还可以带走，转给别人看，效果更好，而且资金投入还要少。

所以，我觉得语汇和场地是办展览的大问题。

我认为，凡是将图片和文字简单地加以放大然后贴到墙上的展览都要再思考一下：是否还有更好的表达方式？参观者非要到你这个场地来吗？

民国书信展就是纯粹的文字，但那一张张橘黄色的信纸就像一片片的阳光落在了灰色的胡同里，看了让人心暖。

场地是一个非常重要的展览因素。Bearings如果脱离了那个场地，便不成Bearings。简园（白塔寺街区中一个改造好的小院子）如果不身临其境如何也感受不到这个小院子的真实，靠文字和图片是绝对说明不了问题的，这就是场地精神。

4．关于旧城和胡同改造的标准

展览再好、再艺术（如Bearings）也是很难解决住民的实际问题的，住民与这些艺术展览还是隔了一层。Bearings那个废墟小院的邻居们可能根本就没有踏足过这个被涂上白粉的废墟，他们只是过着自己的日子，在Bearings外照常搓着麻将，因为那个白色的废墟加小提琴与他们没有关系。

烟花易冷，繁华易逝，雨纷纷，旧故里草木深，我听闻，你仍守着孤城，斑驳的城门，盘踞着老树根。

旧城改造需要假以时日，耐心雕琢，而且可能是个永无止境的过程。

简园和四分院（白塔寺另一处旧房改造实例）倒是实实在在地为旧城的改造做出了样板，值得参观学习。

看了简园和四分院后，我想，这个旧城的改造做到怎样才能算是满足了改造的要求呢？房屋不漏雨，火灾能及时扑灭，这些应该是最基本的要求，必须要达到的。其他的呢？

比如住房面积该多大？是否应该有停车库？或者是自行车库也行。厨房该多大？厕所该多大？院子和绿化该怎样？日照的要求又怎样？等等这些都应该有个标准才好，但在旧城改造里这些又很难统一定案。

我想，住民们的标准自然是好上加好、上不封顶的，但精英们有标准吗？

我觉得其实是有标准的，而且这标准也很简单。至于这个标准是怎样的，容我以后再谈吧。

胡乱写了这些，请指正。

顺颂祺安！

注：写于2015年10月9日。

法兰西岛之小考

一位法国遗产研究院的学生Marion小姐来实习，给我们做了一个小小的讲座，讲述了法国在遗产保护方面的一些政策和具体做法，很有收获。讲座后，我问Marion小姐一个问题，法国大巴黎地区的法语是Île de France，这个名字是怎么来的？具体含义是什么？我之所以问这个问题，是因为28年前曾到大巴黎规划院实习，那时就对这个大巴黎的名字好奇。按照字面的意思是法兰西岛，可是为什么是岛呢？大巴黎地区是包括了巴黎市在内的一大片区域啊，是陆地区域啊，也并没有被水包围，如何称为岛呢？

Marion小姐很认真，没过几天，便给我写来了一个小短文，解释了这个法兰西岛的名称来历。我将Marion小姐的文章整理了一下，供同行们参考。

10世纪时，正值法兰西王国初期的卡佩王朝期间，其王室领地在塞纳河和卢瓦尔河之间，王室就坐落在巴黎附近。卡佩王朝的历代国王不断征服周边弱小领主，逐步扩大王国的领地。

14世纪时，法兰西王国已经形成，这一片地区被称为Pays de France，意思是法兰西的土地、法兰西的国家。

14世纪时，法国一位著名编年史作家让·傅华萨（Jean Froissart，约1337—1405）首次使用Île de France这一名称来指代Pays de France这片地区，其原因恐怕是Pays这个单词已经不能正确反映这块土地的性质了，它不是一个国家，而仅仅是一个区域而已。此时，法兰西王国的领地已经大大地扩张了。

至于为什么让·博华萨要使用Île（岛）这个词，我们现在并没有特别明确的解释，但有两个假设。①它可能来自Liddle Franke，即法兰克语"小法国"的意思；②Île表示塞纳河、马恩河和瓦兹河三河之间的交界处，三河围绕，当然是岛了。

在法兰西的整个历史上，这个Île de France地区始终是法国的一个重要地区，特别是现在的国家首都巴黎也是从这里开始发展起来的。

现在，Île de France是法国的一个行政区域，包括了塞纳-圣但尼省（Seine-Saint-Denis）、瓦勒德马恩省（Val-de-Marne）、上塞纳省（Hauts-de-Seine）、瓦勒德瓦兹省（Val-d'Oise）、伊夫林省（Yvelines）、埃松省（Essonne）、塞纳-马恩省（Seine-et-Marne）七个省和巴黎市（Ville de Paris），土地面积1.2万平方公里，人口1100万。中文是法兰西岛，俗称大巴黎地区。

注：写于2017年4月5日。感谢魏琛小姐为本文写作提供的帮助。

关于迁都的问题

前一段时间，参加了"四个全面"培训班，听了五个精彩的报告，参加了若干次学员们的讨论，收获很大，现在简单谈谈自己对其中某一个问题的看法和认识。

1. 教授讲迁都的问题

听了大学Y教授的关于京津冀一体化的报告，其中谈到迁都的问题，Y教授说他是反对迁都的，原因大致是如下几个：

1) 北京是中国南北的平衡点；

2) 北京位于亚洲重要的地理位置，是亚洲的人口中心，也是经济密集区；

3) 北京周边生态环境不是很好，比如风沙比较大，正因为此，北京不应该迁都；

4) 从地缘战略的角度看，北京作为首都是战略安全的需要，抗战时，如果北京是首都的话，东北三省或不会丢。等等。

Y教授还讲，可以考虑在北京外围建立几个行政文化中心，或叫副都心，比如在保定、唐山、沧州等地。

Y教授的说法有一些道理，发人深省，但有些论据又似乎不是很让人信服，于是引起了我的一些思考。

2. 中国历史上迁都的事例

我觉得，迁都对于一个国家来说是一个非常大的事情，非到万不得已的情况，通常都不会考虑这个问题的，所以对于迁都的问题要慎之又慎。但也不是说，一个国家就绝对不能迁都。

中国历史上迁都的事例是很多的。

比如夏、商、周三个朝代，都有迁都的经历。

夏朝，中国的第一个王朝，存在时间为公元前21—前16世纪（公元前2070—前1600年或前2224—前1766年），历470年左右。夏的第一个帝王为启，最后一个帝王为桀。其都城居阳城（河南登封）、阳翟（河南禹州）、斟鄩（河南洛阳）。

商朝，约公元前16—前11世纪（公元前1600—前1046年），历500余年。夏桀无道，部落首领汤反，建立商王朝。始帝汤，末帝纣。都城在亳（今河南商丘）、嚣（今河南郑州）、相（待考）、邢（今河北邢台）、殷（今河南安阳）等处。因汤的祖先契曾被封为商，汤出身商部落，所以国亦为商。后盘庚帝又将国都迁殷，所以商朝又称为殷商。殷之名由来不详（一说当时当地称殷），待考。

周朝，西周（公元前1046—前771年），武王姬发伐纣于牧野，纣兵败自焚，武王建周，定都镐京（西安）。东周（公元前770—前256年），周幽王烽火戏诸侯，导致犬戎攻破镐京，周幽王被杀。其子周平王姬宜臼迁都洛邑（洛阳），史称东周。东周含春秋（公元前770—前476年）战国（公元前475—前221年）两个阶段。周名源自其部落，共传30代37王，历经791年。

到了封建社会，汉人的汉朝、唐朝、宋朝也都有迁都的经历，当然这是由于很多因素造成的，如政治的、军事的、经济的，少数民族的辽、金、元、清朝代同样也有迁都的经历。

纵观中国历史，可以看到，封建社会的迁都大体上是从北向南迁，从西向东迁。或者说大体上，汉人的朝代衰败了即迁都，少数民族的朝代强盛了即迁都。

少数民族朝代迁都最典型的一个事例是北魏朝（386—557年）。北魏朝是鲜卑人的朝代，其壮大后，便将都城从盛乐（今内蒙古呼和浩特市林格尔县）迁到了平城（今山西大同市），然后，孝文帝时又迁都至洛阳（今河南洛阳市）。孝文帝是个改革家，他号召朝内官员讲汉话，写汉字，穿汉服，甚至连自己民族的姓氏都改成汉人的了。

明朝永乐皇帝朱棣在夺取了政权之后，也开始研究迁都的事情，他决定将都城从南京迁往北方的燕州，即现在的北京，这可能是汉人王朝第一次将都城从南方向北方迁。1406年，朱棣发布迁都诏书，1420年，大明朝的首都正式从南京迁来燕州，北京之名由此而来。至于为什么朱棣要把都城从南京迁来北京，专家们有各种说法。但有一种说法，似乎历史学家基本认可，那就是，当时的北京还是边疆之处，长城以北便是蒙古人、鞑靼人和其他少数民族的部落，元朝虽然已经覆灭，但北元的势力仍然还在，战事频仍，边防不宁，鉴于此，朱棣才决定将都城搬来此处，以应外患，再图内强。由此可以看出，朱棣还是一位积极进取、不守安逸的好皇帝。

3．我的一些认识

北京现在是个超大城市，人口众多，自然资源又不是很丰厚，尤其是水资源极为短缺。资料显示，北京现在的人均水资源量为170多立方米，比以色列还要低很多，而全世界的人均水资源量为7500立方米，全中国的人均水资源量为2000立方米。

北京已经患上严重的城市病，空气污染，交通拥堵，房价昂贵，各种资源（生活服务的配套设施如学校、医院等）紧张，面对这些问题，不想办法解决肯定是不行的，而迁都有可能是办法之一。

对于一个国家来说，迁都肯定是一个非常复杂、非常敏感的问题，必须要慎重，但慎重不等于说不研究或一味否决，讨论讨论总是可以的吧。

韩国现在的首都首尔也面临着人口拥挤、资源紧张的状况，所以，韩国已经决定迁都，将首都从首尔迁往一个新兴的城市——世宗。但这一迁都的过程是个漫长的过程，有可能要几年、十几年甚至几十年，边建设，边迁都，缓慢推进。韩国的经验值得我们借鉴。

我认为，关于迁都这个问题有几个方案可以考虑。

1）选择一处离开华北地区稍远的地方，另行建设都城。当然这是一个非常大的举动，轻易不采用，其困难之处不在于其他而在于政治上和心理上的因素。还有就是选择哪里也是非常难以定夺的事情，因为选在哪里都会有好处和弊处，众说不一，最后难以定夺。还有就是，即便真的把首都迁走了，北京的大城市病就解决了吗？我想会解决一些，但不会完全解决，因此，肯定会有声音说，大动干戈迁都，可原本要解决的问题并没有解决啊。鉴于此，我认为，选择较远地方另行建设首都的方案在近期（近100年）是不大可行的。

2）在现在首都附近另选地址作为都城。也就是说不离开华北地区或京津冀地区，另选一处地方建设都城，如曾有专家提议廊坊、保定等地。此方案与方案1本质上无差别，还是迁，但好处是距离不算太远，对于现在的政府机构及相关部门的工作人员来说，接受度要好一些，比如说廊坊（距离北京50公里），对于目前在北京生活的政府官员来说，上下班往返还是可以接受的。这个方案的缺点是，距离北京太近，北京的大城市病不会得到根本的有效控制。

3）将首都的部分职能外迁至京津冀地区，如保定、沧州、唐山等，也就如大学Y教授所讲的行政文化副都心。这个方案的好处是便于操作，不大动干戈，会部分缓解北京的城市病。

4）重新定义北京，将北京的行政区划囊括现在的京津冀部分地区，甚至天津、石家庄等大城市，并盖以"大北京"、"北京湾"或"北京首都圈"等称谓，再结合方案3，将部分职能迁往这些被贴上"北京"标签的地方，形成一些有特定职能的中心，如行政中心、文化中心、科研中心、医疗中心、金融中心、展览中心、会议中心等。这些中心四散开来，又相距不远，200公里以内，一小时高铁。这个方案可以有方案3的好处，既不大动干戈，又能解决一些实际问题，同时通过行政区划的调整尽量避免政治上和心理上的障碍。这个方案的缺点是，200公里对于现在居住在北京的人来说还是有些远，每日往返生活会很不方便，如果人也迁居过去，则又有家庭的问题，这些实际问题也是很难解决的。

5）将方案4的实施周期延长，30年或50年达成部分迁都的目标也未尝不可，时间会让一些问题自动解决掉的。

迁都问题是个大问题，需要慎重研究对待。我是搞城市规划专业的，所以对这个问题比较关心和感兴趣，写出来，提出一些自己的看法，作为此次参加"四个全面"培训班的学习体会吧。请指正。

注：写于2015年6月1日。

论城市设计

1．引子

城市设计的实例可以追溯到很远很远的时候，从古代北京的城市和古希腊、古罗马时期的城市就可看出城市设计在城市建设实践中的应用。

典型的中国城市设计的思想如《周礼·考工记》中的记载："匠人营国，方九里，旁三门，国中九经九纬，经涂九轨，左祖右社，面朝后市。"战国时期的管子的理论则又是另一番道理，如"凡立国都，因天材，就地利，城郭不必中规矩，道路不必中准绳。"

古代西方城市在城市形态的营造上也有非常辉煌的建树。最典型之例当数古希腊的雅典卫城。

然而，城市设计形成为一个完整的理论却时间不长，而且这个理论西学东渐，对我国的城市规划和城市建设产生影响也是近十几年的事情。人们对这一理论的认识，对这一理论在工作中的具体应用也正是百家争鸣、百花齐放的时代。人们对什么是城市设计还众说纷纭，莫衷一是。那么，究竟什么是城市设计呢？看一看理论家、专家、大师们是如何解释的。

我国一位建筑与城市规划理论家说：城市设计是对城市体型环境所进行的设计。它为人们的各种活动创造出具有一定形式的空间环境，包括建筑、市政设施、园林绿地等方面。城市设计综合体现了社会、经济、城市功能和审美情趣等因素，因此城市设计也称为综合环境设计。

《大不列颠百科全书》中说：城市设计是对城市的环境形态所做的各种合理的处理和艺术的安排。它体现了社会环境和空间环境两个方面。

丹下健三说：都市设计是当建筑进一步城市化，城市的空间更丰富、更多样化时，对人类新的空间秩序的一种创造。

《Town Design》一书的作者F·Gilbert说：城市是由街道、交通、公共工程等设施以及劳动、集会、居住、游憩等功能组成，把这些内容按功能和美学的原则结合在一起，即城市设计。

Kelvin Lynch说：城市设计专门研究城市环境的可能形式。

Gerald Crane说：城市设计就是研究城市组织结构中各主要要素相互关系的那一级的设计。

《Design of Cities》一书的作者E. D. Bacon说：城市设计就是要造成使人类活动更有意义的人为环境和自然环境，以改善人的空间环境质量，从而改善人的生活质量。

从以上种种的解释、评论来看，我们是否可以归纳为这样的结论：

城市设计是依据功能与美学的原则对城市空间、城市实体所进行的设计。

这里的"城市空间"指的是：城市街道空间、广场空间、河流绿地空间等。这些空间是虚的空间，不是物质实体。它们是由于"城市实体"的存在而形成的空间。它们大部分应是露天的、充满阳光的、富有充分的、可流动的空气。建筑内部的空间不属于"城市空间"的范畴。

这里的"城市实体"指的是：城市的建筑物、构筑物、道路、城市的轮廓以及所有暴露在"城市空间"中的实体，如花坛、水池、灯饰、雕塑、铺地、书报摊、垃圾桶、广告牌、人行步道、广场踏步、街道家具、树木花草等等。

纯粹自然的环境，如远山、海水、苍天、大地、山体的植被、海水的潮汐、空中的云朵、丘陵的起伏等应不属于"城市空间"、"城市实体"系列。

这里的"功能原则"指的是人使用"城市空间"和"城市实体"的基本要求。

这里的"美学原则"指的是"城市空间"和"城市实体"所能体现出的人们文化、历史、审美的内涵。

城市设计的根本服务对象应该是人，人是城市设计好坏的最终评判者。

2．城市设计与城市规划

城市设计与城市规划是什么关系呢？可以说，城市设计是城市规划中有关城市形体、空间、环境的规划设计。城市设计不是城市规划的某一阶段，而是城市规划的一个侧面或一个重要的组成部分。城市设计的思想应贯穿于城市规划的全过程。城市设计与城市规划之间的"同"与"不同"，可以由下面的讨论看出。

1）城市规划的系统性、阶段性

城市规划的系统中，有若干个阶段，大致可分为区域规划、总体规划、分区规划、控制规划、详细规划直到建筑设计。这些阶段的具体含义是这样的：

①区域规划

城市群的规划或若干个相邻的城市组成的经济、文化、社会的地域的
规划。

②总体规划

确定某一个城市的性质、规模和发展方向，城市交通、能源及基础设
施建设的方针政策，城市总布局及旧城调整改造的方针政策等。总体
规划是一个城市各项建设的根本大纲，它对于城市的社会经济发展和
各项建设具有重要的指导意义。

③分区规划

分区规划有时可以理解为更为详细的总体规划。分区规划是把总体规
划提出的各项任务划到一个较小范围内加以落实。在中、小城市的城
市规划阶段中，分区规划这一阶段可以省略。

④控制规划

控制规划是总体规划的深入与量化阶段。在这个阶段中，土地使用划
分得更细，各种建设指标、规定更加明确、量化，具有可操作性。控
制规划是直接指导城市建设管理的重要依据。

⑤详细规划

详细规划是对于建设用地较大或建筑成组的地方，在建筑设计之前进
行的规划阶段。其主要任务是确定建筑总平面布局，确定建筑高度、
间距、体形以及场地竖向设计、地下管网规划等。

⑥建筑设计

建筑设计是进入到了一个封闭的实体之中的设计，其主要任务是对建
筑的造型、立面以及内部的使用功能进行设计。在建筑设计中，尤其
是在民用建筑设计中，建筑学是其中一个非常重要的领域。建筑学
的思潮成为了民用建筑设计中的灵魂。随着社会的发展，在近几十

年中，建筑学的思潮也逐渐地影响到了城市规划的各个阶段。贝聿铭说："建筑是一种社会艺术的形式"，可见，建筑与社会已是密不可分。

2）城市设计的系统性、尺度性
城市设计是城市规划的一个重要方面，也同样有它自身的系统性。根据城市设计不同的对象、范围以及相对应的城市规划的不同阶段，城市设计可以分为三个不同的尺度，即大尺度、中尺度、小尺度。

①大尺度城市设计
大尺度的城市设计通常研究整个城市的形体空间和环境，如道路格局、城市轮廓线、广场布局、公共绿地系统以及重要的、标志性的建筑物和构筑物的布局。

美国首都华盛顿哥伦比亚特区可以说是大尺度城市设计的典型代表作。美国独立后，南北各州曾为建都地点激烈争吵，1790年达成妥协，决定建都于波托马克河畔，马里兰和弗吉尼亚州各自捐赠在波托马克河畔的一块土地。第一任总统华盛顿委任曾参加独立战争（1776—1783年）的法国建筑师皮埃尔·朗方负责设计。1800年，第二任总统约翰·亚当斯执政期间，从费城迁都至此。1861—1865年南北战争期间，约4万名获得解放的黑奴自南方来此定居，首都人口剧增。南北战争后，联邦政府按朗方所设计的蓝图，开始重建华盛顿，至1901年，逐步形成了目前规模的城市。目前，华盛顿有176平方公里土地面积，64万人口。

朗方所设计的华盛顿，最显著的特征是其几何形状极为强烈的方格网加放射线的道路格局以及一条约3.5公里长的东西轴线。在东西轴线上，从西至东依次布置着林肯纪念堂、华盛顿纪念碑和国会大厦这三个标志性的建筑物。而几乎所有的放射线道路都联系着重要的城市景观节点，如宾夕法尼亚大道联系着白宫和国会大厦，从而使这条大道成为极富政治含义的城市道路。华盛顿是一个通过精心规划而建成的首都，全市以国会大厦为中心，划分为东北、西北、东南、西南4个区。南北向的街道以阿拉伯数字命名，东西向的以英文字母顺序命名，放射线街道以美国州市命名。为了维护国会大厦、华盛顿纪念碑、林肯纪念堂等重要建筑物在城市空间中的突出地位，城市规划管理部门规定其他建筑物的高度不得超过130英尺。

②中尺度城市设计

中尺度城市设计研究城市内局部地区的城市形体、空间与环境。如建筑组群之间的关系，城市建筑和城市设施之间的关系，广场、道路、绿地的布置等。

北京的宫城——紫禁城以及贯穿其中的南北中轴线是城市设计的一个珍品，是"都城发展的最后结晶"。这一规模宏大的宫城建筑群始建于1407年（明永乐五年），历时14年建造而成，是中国封建社会皇帝听政和居住的所在。从正阳门至大清门，穿千步廊再至天安门、端门、午门、太和门，经太和殿、中和殿、保和殿，经乾清门至乾清宫，出神武门而望景山，这一连串的实体与空间，秩序井然、形象丰富、变化无穷、韵律美妙、高低错落、开合抑扬，使人惊叹，使人折服，真乃城市设计中登峰造极之佳作。这一建筑群以及贯穿其中的中轴线的设计，充分体现了城市空间和城市实体的相互关系，体现了城市设计为人服务、为政治服务的思想。

法国首都巴黎的新区德方斯是现代社会中城市设计的一个典范。从20世纪60年代起，巴黎即开始在其城市中轴线的西北端建造一个新的商务办公区，即德方斯。德方斯的成功之处在于它将建筑、广场、街道、绿地、地铁、公交、停车、商业等等所有的功能与设施都组织在一个完整体内，纵向联系，垂直交通。德方斯的建设体现了现代科学技术的发展对城市设计的影响，也标志着城市设计从传统的平面空间走向了立体空间。

③小尺度城市设计

小尺度城市设计通常研究一特定局部的城市形体、空间、环境。如某一广场的设计、某一条街道的街景立面和空间比例，或某一组建筑间的相互关系。另外，城市中所有尺度较小的实体，如广告牌、书报摊、电话亭、垃圾筒、露天座椅、花坛、踏步、喷水、雕塑、灯饰、铺地等等都是小尺度城市设计所要研究的对象。

1936年在美国纽约市建成的洛克菲勒中心广场是一个充满活力、富有商业气息、受人欢迎的小广场。广场虽然面积不大，但设计巧妙、引人入胜。夏天这里是露天茶座和快餐店，冬天这里又变成了一个滑冰场，一年四季，人来人往，热闹非凡。广场上的一切设施都是经过精心设计而成，旗杆、座椅、铺地、雕塑等等。尤其是广场巧妙地利用了自然地形的高差，使广场形成了一个下沉广场，并和周围建筑地下部分的餐厅、商店相连，浑然一体。就餐、购物的人可以通过四周建筑的落地玻璃窗观赏广场上的一切活动，广场也就成了一个大舞台。

不论哪一个尺度的城市设计，其服务对象都是人。城市设计应该满足人们视觉理念、心理情感、文化素养、使用功能的需要。大尺度的设计要让人远眺欣赏、回味无穷，小尺度的设计要和人息息相通、合理舒适。

3）分析

由以上的分析可以看出：

城市设计的三个尺度和城市规划的若干阶段有联系，但无严格对应。城市规划的阶段有较为明显的界线，其提交的成果也有较为统一的格式。而城市设计的三个尺度从大到小无明显界线（至少目前还没有明确的定论），是个渐变过程，提交的成果内容通常也是多有穿插的。

城市规划是个全面的、综合的城市建设方案，既考虑城市功能，也考虑城市的空间、体形、环境。而城市设计则侧重于城市的空间、体形、环境，侧重于对人的感知的追求。

城市规划指导城市的经济、文化、社会建设。而城市设计则以一定的经济、文化、社会为基础。

城市规划侧重于长远性、预期性、指导性、政策性。而城市设计侧重于现实性、可行性、灵活性、感知性。

城市规划包括城市设计。而城市设计是城市规划的一个组成部分。

3. 城市设计的要素

搞城市设计如同生产，也要有生产要素，即生产资料和生产力。城市设计中的生产资料就是城市的实体和空间，而生产力则应该是人以及人所具有的素质和手段。人对城市的实体和空间进行加工、研究、琢磨和生产的过程也就是城市设计的过程。概括起来，城市设计的要素大致有四类：实体要素、空间要素、属性要素和理念要素。

1）实体要素

实体要素指的是构成城市实体的实物。如建筑、街道、公园、广场、广告牌、书报摊、电话亭、候车亭、垃圾筒、露天座椅、公共厕所、花坛、踏步、喷水、雕塑、灯饰、铺地以及种植物等等。

实体要素是一种最直观的要素，它极大地体现了城市设计的实用性。

2）空间要素

空间要素指的是由实体要素围合、波及或统治而成的空间。

空间要素通常要依赖实体要素的存在而存在。我国古代哲学家老子说："延埴以为器，当其无而有器之用也；凿户牖以为室，当其无而有室之用也；故有之以为利，无之以为用也。"这句话说明了实体与空间的一种辩证关系。马克思也曾精辟地指出："空间是一切生产和一切人类活动所需要的要素。"

空间要素和实体要素都属于城市设计中的生产资料范畴。空间要素和实体要素都是一种载体，承载的是属性要素。

空间要素也体现了一定的实用性。

3）属性要素

属性要素指的是附加在实体要素、空间要素之上的属性。如空间的形态（空间的封闭与开放、迟滞与流通）、尺度的大小（近人的尺度、非人的尺度）、形状（圆滑的、突起的、平直的、起伏的）、色彩（原色的、复色的、调和色的、对比色的）、质感（毛糙的、光滑的）、纹理（平淡无纹理、多皱有纹理、纹理顺直、纹理弯曲）、秩序（多件同一类实体或空间组合在一起的情况，有序或无序）、亮度（高亮的、黯淡的）、硬度（坚硬的、柔软的）等等。

属性要素是城市设计的根本对象，城市设计的本质也就是组合、体现这些属性要素。

从这个角度讲，实体要素和空间要素可以被看作虚无，因为它们几乎被属性要素给覆盖了。

实体要素、空间要素和属性要素都是城市设计过程中的客体。

属性要素是城市设计的语言。

4）理念要素

理念要素指的是设计者本身的一种素质，是设计者将实体要素、空间要素和属性要素有机地结合，并将这种结合进行排列组合的一种能力。

理念要素体现了设计者的素质，是城市设计过程中的主体。理念要素一般包括设计者的文化水平、艺术修养、历史环境、审美情趣和哲学思维。理念要素根本决定了城市设计的质量和优劣。在一个城市设计的个案中，其实体要素、空间要素和属性要素可能是一定的，但由于理念要素的不同，其设计结果可能大相径庭。

赖特从小受到儿童积木的启发，他对正方形和立方体情有独钟。在他众多的设计中，都充满着正方形和立方体的构图，以至于不明就里的人们总觉得有一种神韵、一种独特的神韵弥漫在他的作品中。希撒·佩利号称"银色派"，他用光洁与明亮来表达他对生活、城市、空间的一种认识。理查德·迈耶则是用白色、简洁和纯朴来表述一种深刻的思想内涵。这些都是理念要素所发挥的作用。

4．城市设计的原则和手法

城市设计的原则和手法很多很多，但归结起来，无外乎以下几条：一是遵循自然，二是力求创新，三是善于运用对比和统一。

1）遵循自然

所谓遵循自然，就是要在城市设计的过程中，以自然为本，以实用为本，在自然、实用的基础上加以艺术的加工、提炼。严重违反实用功能和自然形态的设计都将是失败的例子。遵循自然不单单是指对自然形态的如实描写，而且还反映了设计者的思维形式是自然的、探求本质的。密斯提出的口号"少就是多"体现了一种哲学思想，这是一种探求根本的思维，摈弃一切外来的、附加的东西，不要伪装，还实体、空间以本来面目。

美国首都华盛顿是世界上按照规划方案、按部就班实施建设的少数几个城市之一，朗方的功劳自然功不可没。但是在华盛顿，将方格网的道路格局同几个角度严格的放射线道路相叠加，又不觉使人感到生硬。在很多的街道上，我们看到既不方，也不圆，无任何几何形状，很生硬地被城市道路围成的空间。人们走到这里或开车到这里，即失去了方向，实用功能也不是很好。

道路应该设计成道路的样子，道路是供人通行用的，方向感、可达性强。桥梁应该设计成桥梁的样子，跨越河流、山谷之用。建筑也应该设计成建筑的样子，供人躲风避雨和居住办公。

2）力求创新

力求创新，是城市设计中的另一个基本原则，也是对设计者的一个基本要求。

一个城市设计的作品，要有别于其他的城市设计的作品，总要在某些方面有些独到之处，一味地照抄照搬，也就没有了生命力。

然而创新不是随心所欲，不是扭曲自然规律，而是要求设计者具有敏锐的洞察力，找出"这一个"与"那一个"本质上的不同，然后加以提炼、升华，甚至于夸张。

3）对比统一

对比统一是城市设计中一个重要的原则和创作手法。观察我们周围的城市，无论哪一个精彩的片段、优秀的设计都是一个成功的对比统一体，而考察其设计手法也会发现它们往往是恰如其分地运用了对比统一这个原则。统一的前提是对比，对比的目的又是统一。光亮与黑暗是一个对比统一体，粗糙与平滑是一个对比统一体，弯曲与顺直是一个对比统一体等等。在这些对比统一体中，体现出一方的特征必须以另一方的存在为条件。假如失去了另一方，这一方的特征也就无从体现了。

绿茵茵的一大片草地上开出了一朵小红花，景象很美。这是一种颜色上的对比，是红色与绿色两种对比色的对比。同时也是面积的对比，是绿的一大片与红的一小点的对比。

极为粗糙的毛石墙上，嵌入了一方极为精致的不锈钢标牌，景象很引人注目。这是一种粗糙与精致的对比，原始与现代的对比，自然与人工的对比，质朴与高技的对比。

走在很窄的街道上，突然面前出现了宽阔的广场，空间感觉反差极大，使人为之一震。这是一种狭隘与宽阔的对比。也是街道上门脸、灯杆的单调与广场上花坛、喷水、雕塑的丰富的对比。

高楼耸立的海岸边，一座黑色的铁桥旁，出现了一个类似贝壳的庞大建筑——歌剧院，这是高楼的竖直线条、海滩的水平线条与贝壳圆浑曲线的对比，是海水的蓝色、高楼的灰蓝色、铁桥的黑色与贝壳的纯白色的对比，是铁桥的骨瘦嶙峋与贝壳的圆润丰满的对比，是人脑中固有的建筑形式与眼前实际的建筑形式的对比，是自然生物体与高雅歌剧院的对比。

将两个（注意：是两个）实体要素或空间要素分别赋予多种可对比的属性要素，这样的设计将是成功的例子。在这样的设计中，可对比的属性要素的数量越多，设计越精彩，内涵也越深奥。

而在设计中，试图将多个（注意：是多个）实体要素或空间要素分别赋予多种可对比的属性要素，这个设计是要失败的。在这样的设计中，实体要素或空间要素的数量越多，情况越糟糕，整个设计越显杂乱无章。

看起来，对比是非常重要的。对比的目的是造成一个分明的统一体，而好的统一体则应由可对比的两个方面形成。

在我们为实体要素和空间要素赋予属性要素的时候，不要忘记了遵循自然和力求创新这两个原则。扭曲自然和缺乏新意的设计同样不是成功的设计。

注：写于2000年前后。

下卷　凌栖篇

恨不早识伊

相知在凌栖

围棋与规划

听说某单位的规划师们要搞围棋比赛了，心血来潮写一篇关于围棋的文章。

围棋是中国的一个古老发明，但围棋肇始于何，我还没有考证清楚。古书上说，圣王尧的儿子丹朱不肖，颇有阿飞作风，尧大为忧虑，于是便做了围棋来教他，希望他在游戏之中发展智力、陶冶情趣。这是传说，不靠谱，但据此妄断围棋应该有几千年以上的历史了。

《孟子》中曾谈到当时的国手弈秋教两个学生下围棋的故事。说一个学生用心学，日进有功，棋艺大长，而另一个则心不在焉，边学棋边想着天边会不会有鸿鹄飞来，想着去打鸟，结果荒废学业。这个故事是在讲学习要用心专一的道理，但这个故事也告诉我们围棋至少在战国时代就已经存在了。

围棋作为一种游戏，确实是世界上无与伦比的一项智力竞技活动。它博大精深，奥妙无穷，远远比其他的智力竞技项目如中国象棋、国际象棋、桥牌等要复杂得多、深奥得多，它所体现出来的哲学思想和人生道理是难以用几个词句或几句话就可以概括的。

围棋的棋盘、棋子和规则相比其他的智力游戏要简单很多。围棋棋盘只是一个横十九线、纵十九线的方格网，棋子也只有黑白两种。这与中国象棋有很大的不同。中国象棋的棋盘除了方格网外，还有一条河横亘中央，这还好，但方格网中甚至还有斜线。中国象棋的棋子也不单一，有帅（将）、车、马、炮、相（象）、仕（士）、兵（卒）等。国际象棋与中国象棋很是类似，完全是两军对垒的形象化微缩。无论是中国象棋还是国际象棋，每一个棋子都有其特定的步法，游戏规则也相对复杂，开始下象棋时，还真需要动脑子记住这些步法和规则才行，如中国象棋中的"马走日"、"相走田"，国际象棋中的"王车易位"、"兵的升变"等等。围棋的规则就相对简单多了，用棋子围出一块有两只"眼"的"地"就行了，清晰明了。围棋的规则虽然简单，但正是由于这个规则的简单，反而使得围棋成为最为复杂的一项游戏，对对弈者的智力、精力和毅力都是极大的考验。

围棋有时和桥牌一样，要求很精确的计算，否则差一丝一毫就功亏一篑了。但有时又不能全靠计算。桥牌中52张牌的分布情况，其排列组合是一个相当大的数字，大约有10的31次方大小，这是非人类能运算的数字。而围棋中，若假定每个"目"上只能落子1次的话，则围棋的步法有361！这样的数字，这是个比所谓天文数字还要大成亿上万倍的数字，估计可能在10的768次方左右。即便是用天河计算机（每秒2.6 Petaflops，即每秒浮点运算千万亿次）运算这些步法，恐怕也要亿万万年才能计算完毕。所以，很多时候，下围棋是不能计算的，而是要靠"感觉"、靠对"势"的估量来走步。从这一点上来说，围棋就不是数学了，而是审时度势的统筹考量。

围棋对弈既需要微观的精确的缜密推演，又需要宏观的战略的布局思想，这两者缺一不可。开局时，需要宏观的战略的思想多一些，尾声时则需要细致的精确的计算多一些，但这两者也是经常交叉在一起，互相转换的，这就需要对弈者能从容地在这两种思维方式中来回穿梭，以适应实战的需要。

围棋有时是逻辑思维，像数学和推理，扎扎实实，来不得一点的马虎，有时则是形象思维，像绘画和文学，讲求构图与平衡，讲究气氛与场合。

在围棋的对弈中，时时刻刻都充满了很多的哲学思想，可以说围棋是游戏版的《易经》,是具体化了的天地法则。宋朝时,有一本关于围棋的教科书《棋经十三篇》,整篇棋经居然没有一幅棋谱,而全是侃侃而谈的抽象的大道理,靠这样的大道理能赢得了棋吗?可能赢不了,但却可以让你的境界提升一大块。再细琢磨,这《棋经十三篇》是在说围棋吗,恍惚间,它不是什么"棋经",而是谋事之道、为人之道。

围棋中行棋的对与错是相对而言的,一个棋子很难说走得绝对正确或绝对错误,因为它们是可以相互转化的。某种场合下,一个所谓正确的着法可能成了败着,而一个错误的着法会变成一个妙手。

围棋总体上说是一种进攻性的游戏,但要取得胜利,对弈者往往要学会舍弃、退让,局部的舍弃、退让有可能会换来全局的主动或整体的利益。

下围棋需要很长时间,通常要几个小时、十几个小时,甚至几天。下一盘围棋,就如同进行了一场艰苦卓绝的战争一样,苦难辉煌、精彩纷呈,对弈者有时斤斤计较、有时畅快淋漓、有时锁眉长考、有时心中暗喜,这其间的人生百味、喜怒哀乐自有对弈者自己才能体会到。

拉拉杂杂地说了这么多围棋的事情,但它到底和城市规划有毛关系呢?

嗨,其实我是想说:不会下围棋的规划师不会不务正业。

规划师们,来下围棋吧。

注:写于2014年5月27日。
前日写完那篇关于围棋的小文后,突然意识到漏掉了一个重要的观点,即下围棋可以培养一个人的品格。从这个观点我们可以推导出下面两个定理:①坏人从来不下棋;②喜欢下棋的没有坏人。补写于2014年5月29日。

各种桥段的不相认

电影《归来》热播，好评如潮。我在首映当天也慕名前去观看，看后感慨颇多，觉得这是一部很好的电影，讲述了一个感人的情感故事，同时也对故事背景的社会做了不点名的批判。有可能这"批判"才是编剧和导演所真心要表达的。

一位同事对这个电影的评价是"各种桥段的不相认"，我多有同感。我总觉得这部电影在其艺术表达方面（纯粹的艺术范畴，不涉及政治理念）还需要一些加工、设计或洗练才好。下面讲讲我的看法。

电影片头（可称为"陆犯逃车"）便是好莱坞的气势，震耳欲聋的列车轰鸣、黑暗中卷曲在铁轨旁的不成形的人影，音响、画面加之被烘托出来的震撼、悬疑的效果已经足够把观众在第一时间就紧紧地抓住了。这样的开场无可厚非，只是我觉得，如果编剧和导演能将这种效果或气氛自始至终地保持在整部影片之中则更好。实际上在整个电影的后四分之三部分，这种好莱坞风格就再也不见了，代之而呈现出来的是婉转温情、内心痛苦、无奈加遗憾的苦情戏、悲情戏。如果电影的后四分之三都是慢节奏的苦情戏悲情戏的话，那么开场戏似乎也就没有必要用好莱坞的套路了，何必呢？两种风格、两种节奏凑在一起有什么意义呢？我觉得，如果要用好莱坞大片的套路，追求紧张、刺激、悬疑的效果，那就坚持到底，一以贯之。但这确实不是容易的事情，好莱坞风格也不是想学就能学的。其实，我觉得中国的编剧和导演恐怕是很难在中国的电影里将好莱坞的套路坚持到底的，原因是没有这个文化基因，骨子里学不来，所以也就只能是在片头开场"秀"一下那个轰轰烈烈而已，坚持不了长久。

电影的第三场戏是"雨夜探家",这是整部电影最重要的一场戏,因为后面所有的故事似乎都由此场戏推演而出,思念、牵挂、背叛等,也看得出编剧和导演在这场戏里是下了功夫。场景是下雨的黑夜、没有生气的住宅楼、曲折的楼顶通道、雨衣遮身的潜入者、不远处的盯梢人,拍摄技巧是俯拍、特写、主客观镜头(未见长镜头),且运用娴熟,可谓是又一好莱坞经典场面。我曾试想如果是好莱坞该怎样拍这场戏,可能是这样:陆犯(潜入者)正在和冯老师(陆犯妻)相会(可能有重要情报非要当面交接)时,特警赶到,警车、直升机直逼陆家门口,雪亮的灯光将陆家照的通透,持枪特警已经奔跑着上了楼,而这个既会弹钢琴又会说法语的陆犯则使出各种解数、运用各种智慧成功地从警察的包围中逃脱,然后再将故事继续下去。这是好莱坞的套路,干脆、利索、惊险、刺激,当然少不了打斗和枪战,更少不了计谋和智慧,尤其是急中生智。然而,《归来》的"雨夜探家"却不是这样,陆犯在楼道里辗转徘徊,冯老师在屋中欲迎还拒,又逢女儿归来,楼道相认,父女俩在楼道内几上几下,最后女儿引开盯梢者视线掩护父亲离开,于是本来该是一场惊险打斗的好莱坞场景的雨夜探家虎口脱险变成了磨磨唧唧的《西厢记》和《牡丹亭》。

我并不是说只有好莱坞的套路才好,我只是感觉到编剧和导演(尤其是导演)似乎很想尝试好莱坞的套路,大场面、大音响、大刺激、大惊险,但却怎么看都有点不伦不类、使不出劲儿的感觉,这其中文化基因是一个原因,还有就是故事情节本来就不适用好莱坞的套路。

做一个大胆的设想,设想将这场"雨夜探家"和随后以"撕心裂肺"为主旋律的"天桥相会"这两场戏都统统删掉,而后面"不相认"的情节不做任何修改,整部电影会是怎样?似乎故事逻辑不受一点影响,仍然是一个完整的故事。如是这样的话,那是否意味着"雨夜探家"和"天桥相会"这两场戏其实是可有可无呢?或者说,编剧和导演所精心制造的"惊险悬疑"(陆犯为什么非要回家?存疑)和"撕心裂肺"(改日等女儿不在家时再相见多简单,何必要到大庭广众的天桥上，还带着一堆馒头）其实都是不必要的。

电影的后大半部分是陆犯平反后回家与妻子相认的故事了，按照同事的话说就是"各种桥段的不相认"，修钢琴、读信、车站接人、家中跳舞等等，情节很多，但似乎没有一个特别的情节、一个有内在逻辑的情节能够贯穿始终，也就失去了打动观众的力量。现实生活里会有这样的事情发生，琐碎得没有多少戏剧性，但把现实生活搬到银幕上就需要加工和设计了。恐怕编剧和导演的设计水平还要进一步修炼才能提高到一个新的高度。

总之，我认为，《归来》是一部很好的批判现实主义的电影，但其艺术水准还有待提高。

讲了这么多的电影问题，和规划有关系吗？我只想弱弱地说一句：还真的有点关系，只是要绕一个大圈子。究竟有何关系，绕怎样的圈子，我们下次再说吧。

祝大家端午节快乐！

注：写于2014年5月30日。

谈表演

两个月前，曾经写了一篇关于电影的小文，在这篇小文的最后，我说其实电影和规划也是有关系的，只是这关系要绕一个很大的圈子。一位同事在看了这篇小文后总是追问我，"你说的这'关系'到底是什么啊？"

这"关系"可能是这样的。

19世纪末20世纪初时，在沙皇俄国后期和苏联前期，出现了一位伟大的戏剧理论家，斯坦尼斯拉夫斯基。斯坦尼斯拉夫斯基1863年生于莫斯科，十几岁便开始作演员，后来逐渐地从业余演员成长为专业演员，又从专业演员转变为戏剧导演。1897年，他与人合作创建了莫斯科艺术剧院，开始执导一些历史剧和现实主义的作品，尤其是结识了作家契诃夫以后，成功执导了契诃夫的喜剧《海鸥》。《海鸥》的演出获得了巨大成功，从而标志着现实主义戏剧流派的诞生。十月革命后，斯坦尼斯拉夫斯基开始注重对戏剧表演理论的研究，写出了《我的艺术生活》、《演员自我修养》等理论著作。斯坦尼斯拉夫斯基在戏剧表演方面的实践以及他在这方面的理论研究为整个世界开创了一大戏剧表演体系，这一戏剧表演体系被称为"斯坦尼体系"。

斯坦尼体系对前苏联、中国乃至全世界的戏剧、电影表演都产生了巨大的影响，学习斯坦尼体系成了戏剧和电影演员的必修课。中国在20世纪20—30年代左右，出现了"新戏"，也就是我们现在说的"话剧"，而参加这些"新戏"表演的演员大都要经过斯坦尼体系的训练，因为只有这样才叫"新"。如今，电影作为一种新的戏剧表演形式正方兴未艾，而绝大多数的电影演员，无论中外，也多是秉承着斯坦尼体系的理论在表演。可以说，斯坦尼体系对整个世界的戏剧表演业影响力巨大。

斯坦尼体系内容很多，是一个包括表演、导演和戏剧教学的演剧体系，而其中最为核心的内容就是表演。斯坦尼体系以现实主义为主要特征，强调"形体动作"在表达思想感情方面的作用，强调"体验基础上的再体现"，强调戏剧要真实反映生活，强调戏剧的社会使命和教育作用。尤其是，斯坦尼体系认为，演员在演出时，应该忘掉自我而全身心地投入到他所饰演的角色之中，演员应该与角色合二为一，演员应该努力地把观众也卷入到剧情当中。

比斯坦尼斯拉夫斯基晚了几十年，在德国也出现了一位戏剧理论家，叫布莱希特。布莱希特也是在年轻的时候就开始涉足戏剧演出，后来成为剧作家，作品也很多。布莱希特在长期的戏剧表演中发现，以往的戏剧通常都会让观众和剧情或剧中的人物产生共鸣，进而萌发同一感，观众便随着剧情和剧中人物而喜怒哀乐。布莱希特对这一传统的表演方式产生了怀疑，他认为，这样一种情况往往导致观众情绪沉沦而无法独立思考。于是布莱希特开始探索新的途径来进行表演，并形成了戏剧表演中的另一大体系，布莱希特体系。

布莱希特体系中最具划时代意义的理论就是所谓的"Verfremdungseffekt"（疏离感）。Verfremdung一词在德语中有间离、疏离、陌生、异化等含义，而这个"疏离感"就是说，当演员在演出时不应该与角色合二为一，演员不应该陷入出神入迷的状态而是要与角色之间拉开距离并保持一种疏离感，演员也不应该让观众深深地陷入剧情当中。布莱希特认为，所谓演戏并不是要真正的"体验"，并不是要把生活重来一遍，而就是"演"。

上面将斯坦尼的理论和布莱希特的理论分别介绍了一下，可以说两者几乎截然相反。总体上看，斯坦尼的理论似乎容易被理解和接受，比如，演员在演出时要用感情、要入戏、要努力打动观众这些要求，而布莱希特的理论就有点摸不着头脑了，他要求演员在演出时不要太投入，不要太用情，这岂不是……！两种表演体系并存，而各自的要求又如此大相径庭，作为一个演员该怎样去表演呢？

现今社会上，大概有两种演员能分别体现这两种体系的理论。一种是电影演员，这是很光耀的职业，上杂志封面，走红地毯，万人捧贺，巨高收入，因为他们在电影院里将观众折服了，影迷、粉丝成千上万，甚至有影迷因为演员之死而殉情自杀的。还有一种是相声演员，他们并不如电影演员般走红，观众对他们也很难达到如醉如痴的地步。但如果将这两种演员加以对比我们会发现这样一个情况，假如将一个电影演员和一个相声演员对调一下，让电影演员去说相声，而让相声演员去演电影，会怎样？我们会发现，相声演员只需要简单的培训就可以胜任电影演员的工作，而让电影演员去说相声则是相当困难的事。这其中的原因恐怕就在于，电影演员在演出时是十分投入的，或者起码是在拍电影的某一个镜头时是十分投入的，而相声演员在演出时，基本上是保持一种与角色之间的距离，也就是说相声演员不会为了塑造一个人物形象而把自己完全投入到这个角色当中，而总是保持一种疏离感，以旁人的眼光来看待这个角色，或者说，总是抱着一种对角色的评判态度来饰演角色。两种不同的表演方式造就了两种不同的表演态度，也造就了两种不同的能力。

近期看美国的电视剧《纸牌屋》，剧中的男主角经常会在剧情进行当中脱离场景而对着镜头进行一番旁白。这是编剧和导演的水平不够，怕观众看不懂，非要这个主角时不时地来解说一下吗？其实不是，是编剧和导演都意识到，剧中演员演得不能太投入，要用这个方式来提醒一下演员，你不是在"体验"生活，你是在"演戏"，也提醒观众，你观看的是"戏"而非"生活"。

讲了这么多关于表演的理论和认识，这到底和规划有甚关系呢？嗯，我想是这样的……

社会是个大舞台，所有人都是演员，在饰演着各自的社会角色，规划师也不例外。怎样才能演好规划师这个角色呢？哈哈，有斯坦尼体系和布莱希特体系，大家尽可玩味体会吧。

注：写于2014年8月8日。

谈谈印象派

印象派是大家耳熟能详的一种画派，兴起于19世纪末20世纪初。现在很多人对这一画派的绘画作品也是情有独钟，世界上很多知名的美术馆也将印象派绘画当作镇馆之宝，以能收藏一件或几件印象派的画儿为荣耀，往往在馆内单独辟出一间展厅来展示印象派绘画。可是，在印象派绘画刚刚兴起那会儿，却不怎么招人待见，印象派的画儿被人视为垃圾，难登大雅之堂，但经过了40多年的抗争、等待，印象派终于被社会认可，成为绘画史上极为重要的一个画派。

下面简单叙述一下印象派的发家史。

19世纪时，在法国当一名画家可不是一件浪漫的事。当画家就如同在军队里当兵、在政府里当公务员一般，要熬年头，要逐步晋级才行。比如首先要去美术学院上课，学绘画的基本技巧，然后要出国留学，最好是意大利，在美第奇宫进修，再然后要有作品在沙龙展出，而且被别人买走，再然后要入选法兰西美术学院等等。而绘画作品的主题无外乎古希腊古罗马历史、圣经故事（天使降凡、耶稣受难、玛利亚的哀伤、巴比伦的陷落等等）、神话故事。这样的绘画被称作学院派绘画，这样的画家严谨、古典、一丝不苟，严格遵守着各种各样的艺术规范。

但这个时候，出现了一批想当画家又不肯屈服于规范的年轻人，他们聚集在巴黎郊外一个叫"巴比松"的小村庄，开始了自己的创作。他们不再画基督和天使，而是要画看到的、感觉到的、需要的东西；他们也不再困守于狭小逼仄的画室，而是把画架搬到了塞纳河畔，搬到了田埂湖边；他们也不再拘泥于传统的绘画技巧，如透视、构图、色彩、笔法等，而是随心所欲，笔随兴致。于是，车水马龙的城市、花草繁盛的郊外、人头攒动的庙会、高谈阔论的咖啡馆、大海、树林、儿童、舞娘纷纷跃然笔端，而由于他们的画法独特，甚至连阳光、空气、清风、晨曦、暮色都呈现在他们的画面上。

这样的画能被别人认可吗？

1863年，巴黎举办绘画沙龙，这是一年一度的巴黎艺术盛事。这一年，有3000多名画家、5000多幅作品报名参展，然而，经过评审委员会的严格审查后，有五分之三的作品被拒绝了。其中，从巴比松小村庄来的年轻画家的作品全军覆没。艺术家们很生气，上书当政者，当政者不得已，便又另辟一处展厅，展出这些被拒绝的作品，号称"落选作品沙龙"。就在这个"落选作品沙龙"中，有一幅《草地上的午餐》在主题、色彩、笔法等方面与学院派的很多原则相悖，于是引起了大家的注意，大家对此褒贬不一，但贬远远多于褒。尽管如此，这幅画对于巴比松小村庄的年轻画家们是一个鼓励。这幅画的作者叫马奈。

从此以后，巴比松的画家们携带着他们的画儿逐步走进沙龙，尽管仍然遭到社会的嘲弄、调侃，但是他们不放弃，在冷漠中孜孜不倦地埋头耕耘。1874年，在一个小型沙龙中，从巴比松来的莫奈展出了他的那幅著名的《印象日出》，后来被一名记者用嘲讽的口吻评论说是"印象派"，于是，从此，"印象派"这个冠名便被扣在了这批不守规矩、力图创新的画家头上。

在当时，"印象派"不是一个好词儿，它是粗糙、丑陋、愚蠢、肮脏的代名词。舆论认为，印象派的画儿是用马尾巴画的，是透过列车玻璃窗看到的风景，凡是有印象派的画展，正经人都要止步，以免心灵受到污染。所以，到印象派展厅来参观的观众寥寥无几，展厅票房极度悲惨，画家们自然也生活艰辛。

然而，时间改变世界。

十几年后，印象派的画儿开始走出法国，来到了德国、英国、美国，有人开始收购印象派的画儿。1886年，"巴黎印象派画展"在纽约首展获得成功，观众如潮。1990年，在巴黎世界博览会上，尽管仍受到很大的阻力，印象派终于可以在一间大厅里展出他们的作品了。

由于印象派绘画的兴起，在其他的艺术领域内又产生了印象派音乐、印象派文学、印象派电影等，印象派对于世界绘画史以及艺术史都产生了很大的影响。

以上是关于印象派的非常简要的介绍。我认为印象派的产生和发展可能和当时的社会、思想背景有很大关系。

①在文艺复兴运动之后，启蒙运动肇始，科学大踏步前进，人们已经不再沉湎于神话、宗教等古典文化，而是希望更加真实地贴近自然、贴近人的本身、贴近社会本身，印象派显然在绘画主题上体现了这一点；

②社会主义运动、工人运动以及无政府主义思想的兴起也对印象派产生了助推力，印象派画家中很多人都或多或少地被上述社会思潮所影响，于是笔下的画风也随之改变，打破、创新成了画家们的追求；

③19世纪末，是欧洲社会加速发展的时期，印象派绘画也体现了这一点，画家们不再精雕细刻，而是快速地捕捉眼前的变化，甚至是每一瞬间的变化，所以，印象派的笔法很是粗略，但却真实地反映了自然界中的情况，尤其是古典绘画中所忽略的大自然中的阳光、空气；

④人类对于色彩的形成有了一个新的认识，开始认识到环境对于色彩的影响，印象派绘画中色彩的运用或者说环境色的描绘是最大亮点。

注：写于2014年10月30日。

谈谈社会主义

社会主义的最初概念来源于三个历史人物：莫尔、闵采尔、康帕内拉。

托马斯·莫尔（1478—1535年），英国政治家、人文学者，早年读了很多古希腊哲学家的著作，而柏拉图的《理想国》对他影响最大。莫尔目睹了资本主义兴起给社会带来的弊端，于是写了一本非常有名的书——《关于最完美的国家制度和乌托邦新岛的既有益又有趣的金书》，即众所周知的《乌托邦》。"乌托邦"一词由莫尔根据希腊文杜撰而来，意即"乌有之乡"，汉译"乌托邦"（绝妙的翻译）。莫尔在书中叙述了一个虚构的航海家航行到南半球一个岛国乌托邦的所见所闻：在这样一个岛国里，公民们没有私有财产，所有财产都为公有；公民们在经济、政治方面都处于平等地位，劳动成果按需分配；公民们每十年调换一次住房，穿统一的工作服和公民装，在公共餐厅就餐；公民轮流到农村劳动两年，而官吏由秘密投票方式选举产生，职位不得世袭；公民每天劳动6小时即能满足社会需要，其余时间则从事科学、艺术、游戏活动；没有商品和货币，金银被用来制造便桶溺器；一夫一妻，宗教自由。莫尔借此书阐述了他的观点。他认为，私有制使"一切最好的东西都落到最坏的人手中，而其余的人都穷困不堪"，因此"只有完全废除私有制度，财富才可以得到平均公正的分配，人类才能有福利"，莫尔的结论非常明确：私有制乃万恶之源。这是人类历史上第一次提到消灭私有制、建立公有制的问题。

几乎和莫尔同时代的还有一位德国人，也曾提出过建立公有制的设想，这个人叫托马斯·闵采尔（1489—1525年）。闵采尔早年曾追随德国的宗教改革家马丁·路德，后来见马丁·路德逐渐走向保守，遂与之分道扬镳。闵采尔受宗教思想的影响，提出要建立一个具有"共产主义"特征的"千年天国"，而且这个"千年天国"不能等待，必须要通过斗争在现世中建立起来。闵采尔认为，现实的世界处在封建主的罪恶统治之下，上帝的选民们——农民和工人，应该拿起武器来进行抗争，而只有拿起武器用"大震荡"、"大打击"的暴力手段才能把那些不敬上帝的贵族封建主们推翻。于是，闵采尔组织了多次农民和城市下层民众的武装起义。1525年，闵采尔在一次武装起义中被俘，后被杀。闵采尔的政治主张使得人类历史上第一次出现了"共产主义"这一概念，它和公有制本质一样。恩格斯对闵采尔评价很高，认为他是第一个为社会主义而献身者。

意大利一位思想家托马斯·康帕内拉（1568—1639年）也是一位宣扬公有制的先驱。他如闵采尔一样，主张用暴力推翻当下的社会制度，并积极组织、参与武装起义。武装起义失败后，康帕内拉被投入监狱，先后在狱中度过了30多年。在狱中，康帕内拉写了一本书，《太阳城》，如莫尔的《乌托邦》一样，也是对理想中的社会进行了描述，比如：在太阳城里，一切生产和分配活动都由社会来组织，生活日用品按需分配，没有私有财产；在太阳城里，人人参加劳动，每人每天劳动4个小时，而其余的时间，则用来做各种活动，如研究有趣的学术问题、开座谈会、阅读书籍、讲故事、写信、散步、体育活动等；在太阳城里，儿童由国家来抚养和教育，儿童从两三岁时开始接受教育，10岁时要开始学习各种科学知识；太阳城是个阳光明媚、美丽丰饶的地方，这里没有不劳动的寄生虫，人人平等，没有富人，也没有穷人，因为社会的财产都属于他们，而他们也都没有私有财产，人们使用财富，但又不会被财富所奴役。

上述三人是社会主义概念的提出者，虽然他们也有过一些实际行动，如武装起义，但并未对社会主义的建设进行过实践。真正对社会主义这一概念进行实践和探索的则是后来的欧文、圣西门、傅里叶等人。

英国的一位工厂主罗伯特·欧文（1771—1858年），因为出身贫寒，所以本身具有"像孩子一样单纯的高尚的性格"（恩格斯语）。他在掌管苏格兰一家名为"新纳拉克"的纺织工厂后，看到大多数的工人都是失去土地的苏格兰农民、当地破产的手工业者以及爱尔兰逃荒来的流浪汉，每天工作时间长达13—16个小时，工资却十分微薄，长年住在潮湿而阴暗的工棚里，过着牛马般的生活，因而很多人都沾染上了盗窃、酗酒等恶习。欧文决心改变这个现状，以证明工业的进步应该也可以给所有人带来幸福。欧文把工人的劳动时间缩短到10个小时，取消了对工人的惩罚制度而代以说服教育，提高工人的工资，组织旨在保障工人生活的保险计划和互助基金会，为工人开办扫盲学习班，对工人进行文明道德教育，建造工人住宅新村，丰富工人的业余生活，兴建医院、社区中心、学校、商店和公共食堂等公共服务设施。欧文甚至公开表明了他的社会主义信仰，提出要建立一个财产公有、权利平等、共同劳动的新社会。欧文的实践活动引起了当时社会的广泛关注，但同时也遭到资产阶级的抵抗。欧文见在英国难以继续他的实践活动，便变卖家产，携信徒与孩子们一同赴美国继续开展他的社会实验。在美国印第安纳州，欧文花巨款购置了一块3万英亩的土地，成立了一个"新和谐共产主义公社"。这是欧文理想社会中的一个基本单元，他希望在世人看到成效后，推广开去，进而在全世界范围内建立起这种理想社会。当然，最终，欧文在美国的实践活动也失败了。晚年的欧文回到英国，但他仍然到处演讲，宣传他的社会主义和共产主义理念，据说马克思曾专程从伦敦赶到曼彻斯特听欧文的演讲。欧文的实践对后来的马克思、恩格斯影响巨大。欧文的"新纳拉克"现在已被列入世界文化遗产。

欧文、圣西门、傅里叶等人的社会主义实践活动被后人称为"乌托邦社会主义"。汉译"空想社会主义"多多少少有些贬义，值得商榷。

城市规划与社会主义有关系吗？当然有。"花园城市"的最早倡议者就是欧文，后来影响到英国的城市规划学者埃比尼泽·霍华德

（1830—1928年）。现在的城市规划这门学科就是在社会主义思潮的影响下孕育而生的。所以有人说，规划师是天然的社会主义者。

注：写于2014年6月12日。

关于科学社会主义

马克思（1818—1883年），伟大的政治家、哲学家、思想家、革命家、经济学家、社会学家，所有这些头衔都赋予马克思也是不为过的。马克思生活在19世纪，但他的思想和理论不但影响了19世纪后半叶，而且影响了整个20世纪，甚至时至今日21世纪还在影响着这个世界，而且是影响巨大。马克思对世界的影响可以用翻天覆地、翻江倒海来形容。纵观历史，可以认为或预测，马克思将和孔子、苏格拉底等思想家一样，成为人类思想史上的一盏启明灯。

马克思在大学期间，开始是学法律，后来转为自己喜爱的哲学，其博士论文题目为《德谟克利特的自然哲学和伊壁鸠鲁的自然哲学之区别》，显然，对于哲学的学习使得马克思善于以一个哲学家的眼光来看世界和社会。在马克思生活的那个年代，社会主义（乌托邦社会主义或空想社会主义）思潮已经开始蔓延，而受社会主义思潮影响的大规模工人运动也正在萌发。马克思受社会主义思想影响，大学毕业甫一进入社会，即投身到火热的工人运动当中，经常在报纸上为劳苦大众讲话，批判资产阶级和当权者。为此，其担任主编的《莱茵报》被当局查封。

1844年，在巴黎，马克思因为工作的原因结识了恩格斯。当时，恩格斯是一家报纸的出版人，而马克思经常为该报纸写文章，两人相识后，很快发现他们都对哲学和社会主义有着极大的热忱。于是两人开始了长达近40年的共同工作和奋斗，共同创立了马克思主义学说。

1847年，马克思和恩格斯应邀到伦敦参加"正义者同盟"会议。该同盟是一个工人运动的组织。这次会议请求马克思和恩格斯为同盟写一

个具有理论指导意义的纲领，于是马克思和恩格斯联手为同盟起草了
一个文献，题目是《共产党宣言》（一说是马克思主笔完成这个文献，
一说是以恩格斯原先的著作《共产主义原理》为基础完成，待考）。
这个同盟后来更名为"共产主义者同盟"。

《共产党宣言》是一篇极为重要的文献，它的主要观点如下：

①从原始社会解体以来人类社会的全部历史都是阶级斗争的历史；

②共产主义运动是不可抗拒的历史潮流；

③消灭私有制，推翻资产阶级的统治，由无产阶级夺取政权，然后一
步一步地夺取资产阶级的全部资本，把一切生产工具集中在国家即
组织成为统治阶级的无产阶级手里，并且尽可能快地增加生产力的
总量；

④共产党人不屑隐瞒自己的观点和意图，即用暴力推翻全部现存的资
本主义制度；

⑤工人阶级无祖国，全世界无产者联合起来。

这些观点与传统的乌托邦社会主义有了很大不同，但最根本的不同就
在第4点，即"暴力革命"。这个暴力革命的思想对当时欧洲工人运
动的影响非常之大，后来一位德国的工人运动领袖（该工人运动领袖
的名字待考）将《共产党宣言》中的观点命名为"科学社会主义"，
一以别于以往的乌托邦社会主义，二将暴力革命的观点予以高度的
认可。

《共产党宣言》中的观点是否受到德国人闵采尔和意大利人康帕内拉
的影响还有待探究，但无论如何，由于《共产党宣言》的诞生，从此

整个欧洲乃至全世界都为之一变。

1848—1849年，在几乎整个欧洲，许多国家都爆发了旨在反对封建统治的资产阶级武装起义，这一系列暴力起义事件史称"1848年欧洲革命"。马克思和恩格斯也从这场革命中看到了无产阶级的未来，那就是无产阶级只有通过暴力革命才能取得政权，才能真正翻身。

1864年，一个国际性的工人联合组织在伦敦成立，史称"第一国际"。马克思是这个组织的实际领导人，并让这个组织以科学社会主义来作为行动纲领。

1871年，法国巴黎爆发巴黎公社起义，马克思认为这是一次无产阶级的武装起义（起义者中有无产者、平民，也有第一国际法国支部的成员）。但夺取了巴黎政权的那些起义者们不知道用武力来追击敌人，不知道用武器来保卫自己，却忙着搞选举甚至宗派斗争，结果遭到国内外反动派的联手打击而最终失败。巴黎公社政权只存在了100天，马克思为之甚为惋惜，并总结了这次起义失败的原因，那就是没有将暴力革命的原则贯穿到底。

马克思和恩格斯创立的科学社会主义是马克思主义的一个重要组成部分，也可以说是马克思主义中最重要的一个部分。马恩两人为了实践这一学说，付出了大量心血，甚至包括自己持枪上阵，以武力形式对抗旧制度。

1883年，马克思逝世，恩格斯继续两人的事业，于1889年在巴黎成立了"第二国际"，将欧洲各国的工人组织联合起来。于此，科学社会主义也得到了广泛传播。

但也就是在这个时候，欧美等国的政治舞台上开始陆陆续续地出现了以社会主义为宗旨的政党。这些社会主义政党在各国开始从非法走向合法，有的还参加到议会当中，通过议会途径为工人群体谋取利益。尤其是在德国，"德国工人除了单以自己作为一个最强有力、最有纪律并且最迅速增长的社会主义政党存在，就已对工人阶级事业作出这头一个贡献以外，还对它作出了第二个重大贡献。他们给予了世界各国同志们一件新的武器——最锐利的武器中的一件武器，他们向这些同志们表明了应该怎样利用普选权"（恩格斯语）。议会、选举，这是两件不同于暴力革命的武器，工人阶级居然也可以用它进行斗争。恩格斯通过观察德国工人阶级的实际情况，开始对科学社会主义进行反思：难道工人阶级要达到自己的目的，是只有暴力革命这一条道路吗？

1895年，恩格斯已进暮年，但他仍然头脑清晰、思维敏捷。这年3月，他写了一篇文章，《卡·马克思〈1848年至1850年的法兰西阶级斗争〉一书导言》。这篇文章是对科学社会主义整个理论体系所进行的一次反思和修正。文中，恩格斯写道：

"历史表明我们也曾经错了，我们当时所持的观点只是一个幻想。历史做的还要更多：它不仅消除了我们当时的迷误，并且还完全改变了无产阶级进行斗争的条件。1848年的斗争方法，今天在一切方面都已经陈旧了，这一点是值得在这里较仔细地加以研究的……

但是由于这样有成效地利用普选权，无产阶级的一种崭新的斗争方式就开始被采用，并且迅速获得进一步的发展。原来，在资产阶级借以组织其统治的国家机构中，也有许多东西是工人阶级可能利用来对这些机构本身作斗争的。工人开始参加各邦议会、市镇委员会以及工商仲裁法庭的选举；他们开始同资产阶级争夺每一个由选举产生的职位，只要在该职位换人时有足够的工人票数参加表决。结果，资产阶级和政府害怕工人政党的合法活动更甚于害怕它的不合法活动，害怕选举成就更甚于害怕起义成就……

旧式的起义，在1848年以前到处都起决定作用的筑垒的巷战，现在大都陈旧了……

如果说在国家之间进行战争的条件已经起了变化，那么阶级斗争的条件也同样起了变化。实行突然袭击的时代，由自觉的少数人带领着不自觉的群众实现革命的时代，已经过去了……

在罗曼语国家里，人们也开始愈益了解到对旧策略必须加以修改了。德国所作出的利用选举权夺取我们所能夺得的一切阵地的榜样，到处都有人模仿；无准备的攻击，到处都退到次要地位上去了……"

恩格斯（1820—1895年），出生在一个工厂主家庭，中学没有毕业就受父命去经商，后又去军队服役。在服役期间，他自己跑到大学里去旁听，而旁听的课程竟然是哲学。后来，结识了马克思，两人都爱好哲学，又都是坚定的社会主义者，从此开始了两人联手奋斗的历史。

恩格斯虽然是工厂主出身，但他对工人阶级充满感情，先后两任妻子都是地地道道的工人。恩格斯非常看重与马克思的友谊，他的一生有很大一部分与马克思紧密相连。马克思生前极度贫困，恩格斯竭尽全力去帮助他，马克思去世后，恩格斯又花了大量时间和精力来整理马克思的著作。

恩格斯虽然没有上过大学，但以他的学识和超人的洞见能力，我们应该承认，恩格斯也是一位伟大的思想家、哲学家、革命家和实践家。对于当时风起云涌的国际社会主义运动和工人运动，恩格斯都给予了强有力的理论指导，同时，恩格斯也对"革命"有着非常冷静的认识。同样是在这篇《导言》里，恩格斯写道：

"以往的一切革命，都是归结于某一阶级的统治由另一阶级的统治所替换；但是，以往的一切统治阶级，对被统治的人民群众而言，都只是区区少数。这样，一个统治的少数被推翻了，另一个少数又起而掌握国家政权并依照自己的利益改造国家制度。每次这都是在一定的经济发展状态下能够并且应该进行统治的少数集团，正因为如此，并且也只是因为如此，所以在变革发生时，被统治的多数或者是站在这个少数集团方面参加变革，或者是安然容忍这个变革。但是，如果把每一个别场合的具体内容撇开不谈，那么这一切革命的共同形态就在于：它们都是少数人的革命。多数人即使参加了，他们也只是自觉地或不自觉地为了少数人的利益而行动的；然而，正是由于这种情形，或者甚至只是由于多数人采取消极态度，没有进行抵抗，就造成了一种假象，仿佛这个少数是代表全体人民的。"

从上面这段文字可以看出，恩格斯是一个冷静、理性、善于由表及里的社会观察家和哲人。在恩格斯的晚年，他痛苦地看到，在欧洲，当一国和另一国交战时，这一国的工人阶级为了自身的利益往往会支持自己的政府，走上战场和另一国的同样为了自身的利益而走向战场的工人阶级进行对抗，当初《共产党宣言》中提出的"工人没有祖国"、"无产者联合起来"的理念都几乎破碎。

《共产党宣言》和《卡·马克思〈1848年至1850年的法兰西阶级斗争〉一书导言》这两篇著作都是共产主义运动史上非常重要的理论文献，但当代的中国往往对前者宣传得多，学习得多，而轻视、忽略了后者。其实，后者是对前者的反思和修正，是在社会实践后的进一步探索，是社会主义理论的又一次升华。

今天我们讨论这两篇著作有什么现实意义吗？是的，非常有意义。提出几个问题供大家讨论：

①当我们遇到重大的社会问题时，尤其是遇到针锋相对、利益严重冲突的社会问题时，我们应该采取什么样的方式去解决呢？是用非法的手段还是用合法的手段？是用暴力的手段还是用和平的手段？

②我们是否可以这样认为：当社会矛盾没有激化到一定程度时，我们习惯于采用合法的、和平的手段去化解这个矛盾，而当这个矛盾发展到严重的利益冲突而合法与和平的手段都不能奏效时，我们就倾向于采用非法的和暴力的手段去解决问题。这样的观点对吗？

③印度政治家甘地所倡导的"非暴力不合作"或"极端非暴力"真能解决严重的社会问题吗？

④马克思和恩格斯都是伟大的哲学家、思想家，但他们的解决社会问题的理论只是针对他们所生活的那个时代或那个国家吗？他们的理论是否具有普适性？

今天，重温《共产党宣言》以及科学社会主义理论，重温恩格斯的《导言》，希望对我们如何看待当今的社会问题，如何身体力行去解决这些社会问题有所帮助。

注：写于2014年11月6日。

陪审团略考

1．本文的引起

前一段时间，新闻报道美国闹事，而闹事缘由大都是因为"大陪审团"对于一些案件的裁决导致部分民众不满，于是游行、示威了，兼有纵火和劫掠。对于这些案件裁决的是与非，我们不好妄加判断，就是判断了，也干涉不了，人家国家自己的事情嘛。但新闻报道中屡屡提及一个词，就是"大陪审团"。这"大陪审团"似乎很牛啊，一旦它做出裁决，就是板上钉钉的了，别人谁也改不了，多少人游行示威抗议也没用。这个近期一再出现的以前似乎听说过但又不准确认知的词汇激起了我的兴趣，我想知道这个"大陪审团"到底是个什么东西？有"大陪审团"在，是否意味着还有"小陪审团"？"陪审团"在美国的司法体系中到底起什么作用？于是，上网、看书，争取把它搞清楚……

2．陪审制度的开始

3300多年前，一个叫摩西的人创立了犹太教并成为了犹太人的领袖。摩西在犹太人部落里权威很大，掌管很多事务，众人唯摩西马首是瞻。尽管摩西已经成为领袖，但犹太人仍然觉得让摩西一个人来决断一切事务有些权力过大，于是又找了23个人来"辅佐"摩西。摩西是否为历史上的真人这个问题还有待探讨，有可能摩西的故事就是故事而已，是人们杜撰出来的。但"23人辅佐摩西"的这个故事却对后人有很大影响，23这个数字被后人沿用，"辅佐"被后人解释为"制约"。

2600多年前，在古希腊，民主政治盛行，在司法领域开始出现"陪审法庭"。当时的每一所"陪审法庭"有500—600名法官，这些法官都是从普通公民中抽签选出来的。法官的作用就是充当陪审团成员，并采用投票方式对所审案件做出裁决，而法官人数众多是为了防止法官受贿。按照当时古希腊人自己的说法，"陪审法庭"的主要目的是要让公民在受到控诉时能够得到最公正和最无私的审判。

2500多年前兴起的古罗马共和国在其司法审判制度中也继承了古希腊的这个陪审团制度。

5世纪，在欧洲兴起了一个法兰克王国。法兰克王国的司法制度中有一个"宣誓调查法"。这个"宣誓调查法"在其最初形成的时候是法兰克国王为了了解国情而建立的一种询问制度，后来这个制度延伸到司法领域，即在审判案件时，由法官或行政长官挑选一些知情人来为案件作证，以协助案件的调查，这些知情人在作证前要进行宣誓，故有"宣誓调查"之说。

9世纪，法兰克王国分裂。10世纪，在法兰克王国的西部由诺曼人建立起一个诺曼底公国，法兰克王国的"宣誓调查法"被诺曼底公国所采纳。

1066年，诺曼底公爵征服英国，建立了英国历史上的诺曼王朝。于是，"宣誓调查法"也随之进入了英国，为后来英国陪审制度的建立奠定了基础。

3．陪审制度在英国的发展

1154年，英国进入了金雀花王朝，王室家族源于英吉利海峡东岸的安茹伯国。王朝的第一位统治者亨利二世是英国历史上有名的一位贤君，他曾对英国的司法体系进行了许多重大的改革。1163年，亨利二世废除了英国杂乱无章甚至荒唐的旧法，开始推行新法，规定以英格兰的习惯与惯例来判案。该新法名为《普通法》，也叫《习惯法》。1164年，亨利二世又颁布了具有重要历史意义的《克拉灵顿诏令》，按照该诏令，巡回法官在审理土地纠纷案件和重大刑事案件的时候应该找12名了解案情的当地居民担任陪审员，陪审员有义务就案情及被告人是否有罪宣誓作证。1166年，亨利二世再次颁布《克拉灵顿诏令》，规定在凶杀、抢劫、伪造货币、窝藏罪犯、纵火等刑事案件的审判中，对被告人的指控必须由陪审团提出。1176年，亨利二世又颁布《北汉普顿诏令》，该法令明确了一些必须由陪审团提出指控的罪名（指控的职责），并且规定，土地继承权发生争议时由陪审团进行裁判（审判的职责）。亨利二世颁布的这些法律对英国的司法制度改革起到了非常大的促进作用，而且明确规定了陪审团的职能为"提出指控"和"参与审判"。由此可见，在亨利二世统治期间，陪审团具有双重职能，它既是指控者（起诉陪审团）又是审判者（审判陪审团）。亨利二世对英国司法制度的改革贡献很大，后来的英国首相丘吉尔曾说："亨利二世的伟大功绩，就是他奠定了英国普通法的基础，后人只需在此上面添砖加瓦。它的图案会有所变动，而外形却总是维持不变的。"

随着英国司法实践的进一步发展，这种集"指控"和"审判"职能于一身的陪审团制度的弊端开始显露出来。人们注意到，陪审团在"指控"后又负责"审判"，一身兼二职，往往会先入为主，导致最后审判的不公。1215年，金雀花王朝约翰王统治期间，英国历史上鼎鼎有名的《大宪章》颁布。在这个《大宪章》中，不仅将专司指控职能的陪审团（即后来的大陪审团）制度以法令形式固定下来，同时还初步设立了专门从事审判职能的另一种陪审团（即后来的小陪审团）。1352年，金雀花王朝的爱德华三世颁布诏令，禁止了指控陪审团对案件的审判，而是设立一个由12人组成的小陪审团专司审判之职。自此指控陪审团和审判陪审团（即大、小陪审团）正式分离，陪审制度走向了完善。

指控陪审团通常由12—23人组成，所以俗称大陪审团，其法语为grand jury。23人这个数字很有可能是从摩西的故事而来。审判陪审团通常由12人组成，俗称小陪审团，法语为petit jury。金雀花王室本就是讲法语的人的后裔，国事用语为法语不足为怪。

大陪审团曾在英国的司法审判体系中发挥过重要作用，初期，其职能包括犯罪侦查、预审和起诉。但进入19世纪以后，由于专门负责犯罪侦查和起诉的机构相继出现，所以大陪审团就只保留了预审职能。20世纪初，治安法官又逐渐接过了大陪审团的预审职能，所以审判前设立大陪审团的情况在英国日益减少。1948年，大陪审团制度彻底从英国的司法体系中消亡。

小陪审团的命运比大陪审团要略好，虽然它没有最终被抛弃，但是它在司法审判中的作用却日益萎缩。当前，英国的司法审判中有小陪审团参与审判的案件越来越少。

尽管陪审团制度在英国的司法体系中已经不再是非常重要的一个环节，但由英国培育起来的这一制度却随着英帝国主义的殖民统治而不断地向世界其他地区和国家输出。自17世纪以来，英国在向外扩张的同时把陪审团制度也带到了美洲、亚洲、澳洲和非洲的许多国家，甚至包括中国的香港地区。而这些国家和地区也随着历史的进程又逐渐地放弃了陪审团制度，或者只是在针对少数严重的刑事案件时才会启用该制度。例如，中国的香港地区在1845年正式通过《陪审员与陪审团规管条例》，确认了陪审团制度在香港地区司法审判中的运行，至今，陪审团制度仍在香港地区执行，并得到《基本法》的认可（《基本法》第86条规定："原在香港实行的陪审制度的原则予以保留"），但真正适用于陪审团审理的案件的数量却很少，只有在遇到非常严重的刑事案件时才会启用该制度。但在美国，其司法审判体系却对陪审团制度情有独钟而且屡屡采用。

4．陪审制度在美国
美国在其还是英国殖民地的时期，就在司法审判领域继承了英国的陪审团制度。建国后，其宪法也对陪审团制度给予了肯定（美国宪法第五、第六、第七修正案）。但经过长期的具体操作和实践，美国的陪审团制度也发生了很多变化和调整，如大陪审团越来越少地出现在司法程序当中（截止到1984年，在美国只有20个州仍然保留着大陪审团制度），陪审团人数在减少（美国各州对陪审团的人数都有各自的规定，从6到12人不等），裁决方式也发生变化（传统的陪审团裁决是采用全体一致的原则，而现在多采用多数人原则）。

现在在美国，大陪审团仍然叫grand jury，而小陪审团则叫trial jury了。下面讲讲美国小陪审团的运作方式。

陪审团的组成人员即陪审员。美国法律规定，每个成年公民都有义务担任陪审员，但是不满21岁、不在本土居住、不懂英语的人以及听力障碍者、智力障碍者、有犯罪前科者、有法律知识或有法律背景者、与案件有直接或间接关系者则没有资格担任陪审员。通常，陪审员的选择是从选举站的投票名单中甚至电话簿上随机选择的。一旦公民被选择为一个案件审理的陪审员，该公民则要义不容辞地参与其中，而法律对该公民在担任陪审员期间的权益都有所保障。

陪审团一般由12名陪审员组成，但通常，要选出12名正式陪审员和12名候补陪审员，候补陪审员和正式陪审员一起参加法庭的审理活动，若一名正式陪审员因故不得不离开陪审团时，就需要一名候补者顶替，假如候补者全部顶替完，而再有陪审员要离开的话，则案件审理会因为陪审团的人数不足而宣告失败，一切都要重新开始。对于一个案件，其陪审员的最终确定要由这个案件的主审法官以及案件的控辩双方都加以认可才行，只要有一方对某一个陪审员的资格提出质疑且质疑成立，都要重新换他人。由此可见，陪审团制度是一项成本很高的司法制度，耗时、耗力，往往案件还未正式进入庭审，仅成立陪审团一事就会耗去很长时间和精力。

对于一般的案子，如民事纠纷案件，陪审员是可以在案件审理期间自由回家的。但如果是重大案件，陪审员就必须要与公众隔离了。当陪审员被隔离之后，他们不可以读报纸，不可以听新闻，不可以看电视，不可以打电话与他人讨论案情，他们对于此案件庭外发生的事情，诸如辩护律师的记者招待会、被害者家属的声明等等都一概不知，他们被允许获取的信息只限于法官判定可以让他们听到和看到的东西，所以他们所能获取的信息量通常要远远少于普通公众。陪审员在案件审理期间如果要上街买吃的，都要有法警跟随前后，以保证他们不与外界接触。在整个案件审理期间直至最终交由陪审团判决之前，陪审员互相之间都不可以交流和讨论案情。因为只有这样，才能保证陪审员们所得到的关于案件的信息仅仅限于法庭上被允许呈庭的证据，才能保证陪审员们在对案件进行审判时不会受到他人情绪、公众舆论以及不合法证据的影响，才能保证让每一个陪审员尽可能地以一个普通人的常识和良心对案件来进行判断。

美国在其司法审判领域仍然采用陪审团制度，其目的在于所谓的"还政于民"，也就是说，对于社会上一切事情的是与非、善与恶、罪与非罪，其最终裁判权在最最普通的民众手中。尽管经常有人对某一案件的审判结果不满意，游行抗议甚至打砸闹事，但这些举动却很难改变案件审判的最终结论，因为，这是陪审团给出的结论，某种意义上说就是民众给出的结论，无论谁想插手修改这个结论都无能为力。制度设计即是如此。

5. 小小的思考

说了这么多关于西方国家中陪审团制度的问题，它和我们的城市规划有关系吗？有的有的。城市规划虽然涉及很多工程技术问题，但它本质上还是个协调社会各方利益的工具。在城市规划方面经常要做各种各样的裁决或决策，那么这些个决策该由谁来做呢？我们现在通常的做法是由政府行政机关来决策，虽然在决策过程中有一些技术智囊提供支撑，或搞一些公众参与，或通过"人大"讨论，但最终的决策权还是在行政机关。

能否将城市规划的决策权交予普通民众？普通民众会因为不懂技术、不懂规划、不懂政治而做出荒唐的决策吗？是否很多社会管理方面的决策都可以尝试让普通民众来做出？这样做会不会导致社会运行效率的下降或者导致社会的混乱？

等等这些问题需要我们城市规划师思考。了解了一些西方国家陪审制度的起源和发展，可能会对这些思考有所帮助吧。

注：完成于2015年1月28日。

艺术的终极目的与其他

边吃饭边看泉灵的报道。今天泉灵采访了几个文化界的代表，说了一些关于艺术、图书等文化方面的几个观点，听之后，有些感想，如下。

1

一位叫GMT的剧作家说了这样一个观点：艺术的终极目的不是娱乐。哦，艺术的终极目的不是娱乐，那是什么呢？是宣传？是指引？是教化？是教育？（假如我们撇开哲学层面的关于"娱乐"及"宣传"、"教化"等这几个词的内涵和外延的话，我们可以认为"娱乐"与"宣传"、"教育"这几个词的所指是不同的东西，尤其是在现今我们的语境下是如此）远古时代，人类在操劳忙碌了一年之后获得农业丰收，于是便在星空之下，围坐于空地之上，开始了肢体舞动、击鼓奏乐和随声附和，于是便有了舞蹈、音乐和诗歌等艺术的出现。这些个艺术的目的是什么呢？应该是放松和娱乐吧？最起码可以说放松、娱乐的成分很大，而教育、教化的成分很小。再观察绘画、雕塑这几个艺术门类，它们在最初形成的时候，其目的是什么呢？恐怕也是放松、娱乐为主，进而有记录的功能。古希腊时期，戏剧艺术得到很大发展，但表演戏剧的目的是什么？至今没有看到专家说，古希腊人表演戏剧是为了宣传教育。当然，艺术后来的发展就增加了教化、教育、宣传的功能，及至今日，艺术的宣传教育功能似乎大大超过了娱乐功能，东方（尤指中国）和西方（尤指欧美）皆是如此。但尽管今日现状如此，我们似乎也不能得出一个结论，说艺术的终极目的不是娱乐。我想，比较稳妥、全面的说法应该是：艺术的终极目的不只是娱乐。

2

采访中，作家EYH说，现在的年轻人（指中国的年轻人）不喜欢看《红楼梦》，这是个悲哀；我们中国人应该像英国人尊重莎士比亚那样尊重曹雪芹。我也不太同意这样的看法。《红楼梦》是一部非常好的文学作品，这个大部分人都认同（也不排除有人认为这是个非常糟糕的小说），但不能因此而要求所有人或所有中国人都喜欢读这本书，不喜欢读便是悲哀。古时候（几百年前），人们不像我们现在这样如此匆忙，所以坐下来捧着一本几十万字的《红楼梦》慢慢读着不算什么奢侈之事。现在，人们要每天工作8小时，工作之余还要购物、看电影、打球、应酬，要发微信，要发微博，要摄影，要舍宾，即便是学习，也还要学习数学、物理、化学、经济、外语、哲学、美学等等，还要旅游。这些事情古人都不干不学的，所以古人有相对多的时间来读书。现在的年轻人虽然不喜欢读《红楼梦》，但并不说明他们不懂《红楼梦》，若干版本的电视剧已经把红楼梦给普及了，故事情节大致了解了，中心思想大致了解了，这还不够吗？难道需要每个人都成为红学家吗？至于说要每个中国人都像英国人尊重莎士比亚那样尊重曹雪芹，我想也大可不必。英国人对莎士比亚的认识也是有个过程的，莎士比亚生前即遭人诋毁的事情时有发生，身后，人们对莎士比亚的认识也不是非常统一，甚至出现"历史上是否有莎翁真人"这样的讨论（这样的讨论至今还有），直到柯尔律治出现，英国人对莎翁的态度才有改变，所以现在英国人对莎翁成就的看法也不是完全一致。就像我们常说的，有一百个读者就有一百个哈姆雷特，同样，有一百个英国人就有一百个莎士比亚。我们能否说有一百个中国人就有一百个曹雪芹吗？

3

我比较同意采访中一位叫ChL的女作家的话，说读书就像人吃饭一样，各有各的口味，不好强求。

文化与艺术是个多元的东西，门类多元，形式多元，功能多元，目的多元，只要不触犯既定的法律，不触犯绝大多数人的道德意识就可以了。

注：写于2015年3月4日。

"艺术之始"考

前不久，与一些专家讨论城市公共艺术、雕塑等事时，遇到讨论文稿中的一句话："艺术之始，雕塑为先。"此句出自中国建筑界泰斗梁思成先生。我提出对此论断有些疑问，会上部分专家也表同样疑问，但也有专家表示同意梁先生的论断。会后，我仍对此事萦萦于怀，于是上网、翻书，希望找到梁先生及其他学者们对"艺术之始"的研究和探讨。找了一些，成果有限，列于其后，供有兴趣的同行们参考。

1. 梁思成关于"艺术之始"的原文

"艺术之始，雕塑为先"句出自梁思成先生所著《中国雕塑史》一书。该书是根据梁思成1929—1930年在东北大学讲授中国雕塑史的讲课提纲编辑而成，其前言部分便有上述之句。现将该前言大部引录如下：

"我国言艺术者，每以书画并提。好古之士，间或兼谈金石，而其对金石之观念，仍以书法为主。故殷周铜器，其市价每以字之多寡而定；其有字者，价每数十倍于无字者，其形式之美丑，购者多忽略之。此金钱之价格，虽不足以作艺术评判之标准，然而一般人对于金石之看法，固已可见矣。乾隆为清代收藏最富之帝皇，然其所致亦多书画及铜器，未尝有真正之雕塑物也。至于普通玩碑帖者，多注意碑文字体，鲜有注意及碑之其他部分者；虽碑板收藏极博之人，若询以碑之其他部分，鲜能以对。盖历来社会一般观念，均以雕刻作为'雕虫小技'，士大夫不道也。

然而艺术之始，雕塑为先。盖在先民穴居野处之时，必先凿石为器，以谋生存；其后既有居室，乃作绘事，故雕塑之术，实始于石器时代，艺术之最古者也。

此最古而最重要之艺术，向为国人所忽略。考之古籍，鲜有提及；画谱画录中偶或述其事而未得其详……"

归纳梁先生的这段文字，得出以下要点：

①国人重视书画，而忽略了雕塑；

②其实当古人类穴居之时，凿石为器，此时就有了雕塑这门艺术；

③当人类有了居室后，才开始有了绘画；

④雕塑为艺术之最古者。

读了梁先生的这段话，有些疑问。比如，"凿石为器"就是艺术吗？石器是人类的生产工具，能将制造生产工具的活动定义为艺术创作吗？能将生产工具定义为艺术品吗？我存疑，觉得要好好地定义一下"艺术"和"艺术品"才好。

2．朱光潜先生关于诗歌、舞蹈、音乐的起源说
朱光潜先生在《诗论》中说，舞蹈、音乐、诗歌这三种艺术形式同源，起于古人的庆典或祭祀活动。那时，人们逢天气美好、作物丰收或族人去世、祈祷上天便要聚众仪式一下，这仪式上便少不了肢体舞动、击鼓奏乐和随声附和，于是这三种表演形式便演化出今日的舞蹈、音乐和诗歌。舞蹈、音乐和诗歌这三种人类的活动应该被认为是艺术活动，它们产生的作品应该被认为是艺术品。

但这三种艺术起源于何时呢？从朱光潜先生上述言论中，我们认为，这三种艺术起源于很早很早的时代了，到底有多早呢？朱光潜先生干脆认为，它们的起源与人类的起源一样久远。

人类的历史有多久？大约有700万年吧。700万年前，人猿揖别，人类诞生。我们现在能找到的人类的祖母"少女露西"大约生活在350万年前。

人类"凿石为器"的历史有多久？通常认为有250万年的历史。

3．阿纳蒂的理论

法国学者埃马努埃尔·阿纳蒂（Emmanuel Anati）在其《艺术的起源》（Aux origines de l'art）一书中对艺术起源有很多论述，其中有这些内容：

①我们现在发掘出来的古人的艺术品可以追溯至5万年前左右，这些艺术品包括绘画、岩石雕刻、小塑像、小纪念品、装饰品（这里阿纳蒂没有提到石制工具，即石器）。

②古人在忙于视觉艺术的创作时，也在通过音乐、舞蹈、手势模仿以及诗歌来表现自己；人们训练口才，练习举手投足，装饰身体，学会引起他人的兴致或是男女挑逗；人们发展了艺术创作及感情流露的诸多其他要素。

③古人有在淤泥或沙地上刻画留痕的习惯，甚至还有用卵石堆积图案的习惯，尽管这些作品已经烟消云散了，但可以认为是艺术的原始雏形。

④50万年前，人们学会了制造燧石，而燧石上的刻痕是由于计数的需要还是由于美学的需要还不得而知（阿纳蒂的潜台词是，若只是为了计数则不是艺术品）。

4．我的认识

参考了以上这些学者们的著述，我对于"艺术之始"的看法如下：

①讨论"艺术之始"是讨论各门类艺术中哪个最先出现，比如：绘

画、雕塑、音乐、舞蹈、诗歌、戏剧等，而不是讨论某一门类艺术在最开始是如何演变发展的，即某一门艺术的起源问题。

②讨论"艺术之始"似乎应该先讨论"艺术"，先要弄清什么是"艺术"。但这是一个非常非常复杂艰巨的任务。古希腊的亚里士多德有很多关于艺术的论述，但也似乎没有给出一个明确的关于艺术的定义。如今常见的关于"艺术"的定义是："通过塑造形象以反映社会生活而比现实更有典型性的一种社会意识形态"（出自《现代汉语词典》）。从字面上我不是完全理解这个定义，但我总觉得"石器"是生产工具，而不是艺术，也不是艺术品。

③"艺术之始"可能是多元的，也就是说在人类早期的活动中，可能会同时出现各种各样的艺术活动，比如绘画、雕塑、音乐、舞蹈等。但由于有些艺术品不能保留下来，如音乐、舞蹈等，所以今人不好考证哪个在前，哪个在后。朱光潜先生说的音乐、诗歌、舞蹈与人类同生似乎缺乏科学的考证，是一种经验和推理。梁思成先生说的"雕塑为先"似乎也有些武断。

④讨论"艺术之始"对于普通大众的日常生活来说，没有太大必要，普通大众尽管不知"艺术之始"，但也可以生活得很好。但对于有些喜欢较真的"知识分子"如我这般来说，讨论这个话题有助于他们延缓老年痴呆症的发生。哈哈！

注：写于2015年3月17日。

亚洲与欧洲、东方与西方

前一段时间到俄罗斯的莫斯科开会，这是我第一次踏上俄罗斯的土地。开会期间，莫斯科规划院的一位工作人员得知我是第一次到俄罗斯来，便问我对首都莫斯科的印象如何。我说："嗯，挺好的，一看就是个大城市，一看就是欧洲的大城市。"这位工作人员听了我的话，有些疑惑，"哦，莫斯科是欧洲城市吗？"

我说的是真心话。一下飞机，我发现在护照关卡处的工作人员几乎都是金发女郎，出了关卡，在外面，一个手持写有我名字的ipad迎接我的人是一个身材魁梧的中年男子，高鼻梁、凹眼窝，典型的欧洲人。从机场到城里的一路上，我所看到的街道和建筑也都呈现出欧洲城市典型的景象，建筑立面上的柱式、建筑屋顶上的尖顶、广场上的方尖碑，甚至还有凯旋门，只是有些建筑上多了一些洋葱头的屋顶，只是建筑上不像巴黎的建筑那样铺满了雕塑，但无论如何，我一眼望去这的确是欧洲城市的景象。是的，没错，眼前的莫斯科与我心目中的莫斯科没有不同，就是一个欧洲城市。

但莫斯科规划院的工作人员显现出的疑惑也多多少少让我产生了疑问，难道我说的不对吗？后来，读了一些材料，了解了一些俄罗斯的历史，也就对那位工作人员的疑惑有些认同了。因为，俄罗斯人从历史上讲、从骨子里讲是既不把自己看成欧洲人，也不把自己看成是亚洲人，或者说既不把自己看成是西方人，也不把自己看成东方人。

1．双头鹰的来历
是的，从地理上说，位于俄罗斯中西部，北起北冰洋喀拉海南至哈萨克草原地带，绵延2500多公里的乌拉尔山脉是欧亚的分界线。它的西部是东欧平原，东部则是西伯利亚平原。而俄罗斯恰恰横跨了这座洲际分界的山脉，成为世界上少数几个横跨欧亚大陆的国家之一。若不是俄罗斯在1867年将阿拉斯加以720万美元的价格卖给了美国，如今的俄罗斯就要跨越三大洲了，这在世界上还真是绝无仅有。所以，俄罗斯这个民族既不把自己看成是欧洲人，也不把自己看成是亚洲人，俄罗斯是横跨欧亚之间的民族。

俄罗斯的国徽图案已经将俄罗斯民族的这个跨越欧亚的情结显现无遗。国徽是个双头鹰，两个鹰头分别雄视两侧，充分体现了我乃居于正中、统治东西两边的含义。

双头鹰的徽记本来是源自拜占庭帝国。330年，古罗马皇帝君士坦丁大帝将首都从罗马迁至拜占庭。395年，古罗马帝国分裂为东、西两部分，帝国的东部即发展成为拜占庭帝国（东罗马帝国）。这段时期，拜占庭帝国沿用了原来罗马帝国单头鹰的标志。到11世纪时，即拜占庭帝国伊萨克一世在位时，帝国开始采用双头鹰作为国徽，其原因是为了显示帝国领土的地理特性，即拜占庭帝国继承了罗马帝国在欧洲和亚洲两部分的领土，因此拜占庭君主身兼东西两方之王。因此，拜占庭帝国原有的单头鹰标志变成了双头鹰。如今，世界上很多国家或国家的权力部门也都采用双头鹰的标志，但追溯其历史，或有文字记载的历史，恐怕可以准确地追溯到这里。

1453年，延续了一千多年的拜占庭帝国被奥斯曼土耳其帝国所灭。拜占庭皇帝君士坦丁十一世在战争中阵亡，而他的两个弟弟，一个投降于奥斯曼土耳其帝国，另一个则带着两个儿子和女儿索菲娅·帕列奥洛格逃到了罗马，这两儿一女在罗马教皇的抚养下长大成人。1472年，罗马人为了借助莫斯科大公国的军事力量抵御奥斯曼土耳其人，便用联姻的方式将索菲娅·帕列奥洛格许配给了莫斯科大公伊凡三世，于是，索菲娅便佩戴着拜占庭帝国的双头鹰徽记来到了莫斯科大公国。索菲娅是个有教养、有文化的女人，她协助夫君伊凡三世将莫斯科大公国周边的城邦和土地联合到了一起，形成了一个疆域辽阔的统一的国家，即俄罗斯。1497年，双头鹰作为国家徽记首次出现在俄罗斯的国玺上。1882年，俄罗斯沙皇亚历山大二世将双头金鹰国徽的形式固定下来。1917年，双头鹰国徽被十月革命后的苏维埃政府废除。1993年，这只象征俄罗斯国家团结和统一的双头鹰又"飞"回到俄罗斯的国徽上。20世纪末，俄罗斯国家杜马以法律形式确定双头鹰是俄罗斯的国家象征。

其实，双头鹰的图案远在拜占庭帝国之前就已经出现了。考古学家发现，在土耳其一个叫加泰土丘（Catal Huyuk，也译作"卡滔侯羽克"）的考古遗址中就发现了一个距今大约8000年的双头女子像壁画，有学者认为，这个双头女子像就是双头鹰的原型。而我们现在发现的最早的双头鹰图案出现在一个大约3700年前的古赫梯的泥制印章上面。该泥制印章出土于现土耳其首都安卡拉东部200公里处的一个叫博阿兹柯伊的村庄，这里曾是赫梯古王国的首都哈图莎的所在。赫梯古王国（Hittite Old Kingdom）存在于公元前17世纪至公元前14世纪初，所以，当11世纪时的拜占庭帝国采用双头鹰图案的时候，赫梯古王国已经消失了2500多年了。拜占庭帝国的图腾标志是否借鉴了赫梯古王国的泥制印章，还需要更多的佐证才可定论。

2. 地理上的东半球和西半球

古时候的人似乎就已经有了地域之东方和西方之分，这东西方之分界线似乎在小亚细亚或乌拉尔山一带，分界线以西为西方，分界线以东为东方。处在这分界线周边地区的人们习惯用双头鹰来作为图腾或族徽，似乎也在证明这分界线的真实存在。我们暂且称这种东西划分为"人文之分"吧。

进入现代，整个地球被人为地分为了东半球和西半球。这更多地是从地理的角度来划分地球，与古人的"人文"东西之分怕是风马牛不相及了。这种"地理之分"是如何产生的呢？

我们先来探讨一下地球的经纬度。

地球的经纬度是人类为了更好地认识地球、利用地球而人为地在地球上画出的一条条线圈，从而在地球表面上形成了纵横交叉的线网。与赤道所在平面相平行的线圈是纬度或纬圈，与赤道所在平面相垂直的线圈是经度或叫经圈。每一条纬圈所在的平面都相互平行，与赤道所在的平面当然也平行；但每一条经圈所在的平面都相交，而且相交于一条线，也就是南北极的连线，或叫"地轴"，地球就是围绕着这根"地轴"在自转。"地轴"与赤道平面的交点是"地心"。

"纬度"是怎样确定的呢？是这样。纬圈上一点到地心的连线与赤道平面的夹角就是这个纬圈的纬度。赤道以南为南纬，赤道以北为北纬。

古时候，当人类还没有很发达的测量技术时，人类可以通过阳光比较容易地测量出自己所在位置的纬度。但人类要知道自己所在位置的经度就比较困难了，因为纬度相对来说有更强的自然性，而经度则具有更多的人为性或人定性。也就是说，我们需要人为地先确定一条经度的基准线，也就是0°经线，有了这个0°经线，其他的经度就好确定了。

对于将0°经线确定在地球的哪个位置上这个问题，世界各国曾有过不少的争论。1884年，在美国首都华盛顿召开了一次国际经度学术会议，在这次会议上，正式确定以通过英国伦敦格林尼治天文台旧址的经线作为全球的零度经线，也叫本初子午线，这是全世界计算经度的起点线。经圈上一点到地心的连线与本初子午线所在平面的夹角即为该经圈的经度。本初子午线以东为东经，以西为西经，东西经各180°。

由于有了经度的确定，地球也就有了东半球和西半球之分。但且慢！因为本初子午线不但穿越了英国和欧洲其他一些国家，而且还穿越了非洲大陆及许多国家，这样划分东西半球于人类的实际工作实在是不方便，所以，人们习惯上将西经20°和东经160°来作为东西半球的分界线。

3．学者们关于文化与哲学的东西方之分

史学界和哲学界都有东西方文化、东西方哲学之说，此处的东西方之分该是如何呢？

胡适在其《中国哲学史大纲》论及中国哲学史于世界哲学史中的位置时有如下的表述，可以看作是在文化、哲学领域里东西方之分的一种解释。"世界上的哲学大概可分为东西两支。东支又分印度、中国两系。西支也分希腊、犹太两系。初起的时候，这四系都可算作独立发生的。到了汉以后，犹太系加入希腊系，成了欧洲中古的哲学。印度系加入中国系，成了中国中古的哲学。到了近代，印度系的势力渐衰，儒家复起，遂产生了中国近代的哲学，历宋元明清直到于今。欧洲的思想，渐渐脱离了犹太系的势力，遂产生欧洲的近世哲学。到了今日，这两大支的哲学互相接触，互相影响。五十年后，一百年后，或竟能发生一种世界的哲学，也未可知。"胡适先生的说法似乎比较简单，即东方哲学包含了中国、印度两系，而西方哲学包含了古希腊、古罗马以及不太清楚出生地的犹太系。但胡适先生没有提到两河流域。实际上，两河流域的思想文化以及哲学对古希腊文明产生了很深的影响。两河流域是东方还是西方？

加籍华人梁鹤年先生在《西方文明的文化基因》一书中论述了西方文明的起源和发展以及对世界的影响。通读全书，其中论及了古希腊文明、古罗马文明、基督教的兴起和演变、启蒙运动、资本主义兴起等等文化思潮和社会运动，书中没有论及两河流域、古印度和中国，也没有古埃及。显然，梁先生的"西方"是指欧美地区。

美国斯坦福大学历史学、古典文学教授伊恩·莫里斯（Ian Morris）在他的《西方将主宰多久》（Why the West Rules–for Now）一书中认为，东方基本上就是指中国，顺便捎带日本，而西方则是指从亚洲西南部到北非、地中海，再到西欧、北美这样一个范围广大的地域。也就是说，莫里斯先生认为，古代两河流域的苏美尔文明、古埃及文明、古

希腊罗马文明都是西方文明的一部分。

由以上这些学者们的论述，可以看出，人文方面的东西方之分还是个难以具体下定论的问题。也就是说东西方大致可分，具体问题时则模糊犹豫。

4．关于近东、中东、远东的说法
我们经常会从一些文献资料上读到近东、中东和远东的说法，这个近、中、远是如何划分的呢？谁人做此划分？从互联网上查到一些有关资料，大致情况如下：

18世纪中后期，欧洲的资本主义、工业革命以及思想文化迅速发展，其发展速度和达到的水平确实远远超过世界上其他的地区和国家。于是，在欧洲历史、文化、学术界开始兴起一种舆论或观点，认为欧洲，尤其是西欧是引领世界文明向前发展的先锋，是世界上其他地区和国家走向现代文明的灯塔。这种舆论和观点被称作"欧洲中心论"，或者叫"欧洲中心主义"。

显然，这样的观点和舆论仅仅把探究历史的眼光放在了近现代的一两百年，有很大的局限性，是禁不住人类历史的考察的，是一种比较狭隘的世界观和历史观。但在这种思潮的影响下，在欧洲的历史界、文化界、学术界，很多人都会自觉不自觉地将欧洲的思想意识形态作为世界的主体意识，很多国际标准也都是以欧洲的标准为圭臬，比如本初子午线、公元纪年等。

同样是在这种"欧洲中心论"的思潮影响下，欧洲人，尤其是西欧人将西欧以东的地区（即欧洲东部、非洲北部和亚洲地区）划分为近东、中东、远东三个圈层。近东大致指东欧、北非及小亚细亚地区，中东大致指阿拉伯地区、中亚地区，远东大致指中国及东亚地区。但这些指称其范围都很模糊，界限不清晰，而且随着时代、随着指称人的立脚点和意图多有变化，进退、盈缩不定。

所以，在学术界，关于近东、中东、远东的地理称谓并没有很严格的定义，及至今日也没有被世界主流历史学界、文化学界所认可。

注：完成于2015年4月3日。

一个敏感的词汇

前不久，同事在微信里发来某新闻社关于官方文献中禁用词汇的一文，其中提到禁用"十字军"一词。同事们不解，问我，我也不解，查了一些资料，咨询了一些学文科的同学，有一些收获，记录如下。

1. 基督教的简史

据传，大约公元前11世纪时，犹太人不忍继续在埃及受奴役，于是在先知摩西的率领下逃离埃及。途中，摩西在西奈山受上帝指点，遂将犹太人的传统宗教发展为具有统一信条和礼仪的民族宗教，这就是犹太教的开始。公元前6世纪时，犹太人的国家被巴比伦王国消灭后，所有犹太人被拘押到巴比伦，成了巴比伦之囚。在这一时期犹太教逐渐形成统一的教义，而这时的犹太教徒在信仰方面主要是追忆和缅怀历史，反省上帝的诫命和律法。

据历史记载，1世纪时，犹太教的一个分支基督教创立，并在罗马帝国繁衍。在基督教开始创立的一二百年间，基督教是作为异教被帝国禁止的，基督教信徒往往受到迫害，甚至被处死。直到313年，罗马帝国皇帝君士坦丁大帝颁布米兰诏书，从而使基督教成为帝国所允许的宗教。325年，《尼西亚信经》在第一次尼西亚公会议上通过，并成为基督教的最基本的议决。392年，罗马皇帝狄奥多西一世宣布基督教为国教。从此，基督教开始迅速发展起来并形成了一个以罗马为中心的基督教教廷——罗马天主教廷。

11世纪时，基督教开始分裂，信仰基督的一个分支东正教从罗马教廷控制的天主教中分裂出来，并以拜占庭（东罗马帝国）为中心发展演变。但它仍然信仰基督，是基督教的一个重要部分。

16世纪时，罗马天主教廷再次发生分裂，信仰基督的另一个分支新教由于在宗教信念上与教廷有重大冲突而离开罗马天主教廷。罗马天主教廷在西欧的一些国家中是人们宗教生活的中心，主教和牧师扮演了主要的角色，成为人们精神生活的导师和家长，他们告诉人们什么是对的，什么是错的，他们接受人们的忏悔，代表上帝给人们以原谅。而从罗马天主教廷分离出来的新教，却主张每一个人应该独自面对上帝，如果他们有罪，他们应该直接祈求上帝的宽恕，而不是从牧师那里得到宽恕。新教认为每一个人应该独立对上帝负责。新教从天主教廷分离出来后，他们自己内部因为观点、信念等不同又出现了很多分歧。于是，他们又分裂出若干个教派，如卫理公会教派、浸信会教派、路德教派、长老教派、主教派等。17世纪，由于天主教廷不承认新教的存在，教会之间产生了很多摩擦，宗教迫害随之产生。很多新教教徒决定离开他们原先的国家前往美洲新大陆，在那里开辟出一片新天地，尽享宗教的自由。现在在北美地区，新教徒占了人口总数的大约三分之二，新教成为占统治地位的宗教。

2."十字军东征"的由来

7世纪初，在中东地区兴起了伊斯兰教，并迅速蔓延、壮大。壮大后的伊斯兰教徒很快就占领了基督教的圣城耶路撒冷，他们袭扰基督教商人，虐待基督教徒，并宣称耶路撒冷是伊斯兰教的圣城，宗教冲突的祸根从此而生。

11世纪末，西欧各国的生产力有了长足的进步，手工业从农业中分离出来，城市崛起，军事力量也增强了。而同时，这些发展也助长了西欧各国的封建主和教会头领向外扩张的野心。已有的财富和权势仍不能满足封建主和教会头领贪婪的欲望，他们渴望向外攫取土地和财富，扩充经济势力和政治势力；封建家族中，许多不是长子的贵族骑士由于不能继承遗产，而成为"光蛋骑士"，所以他们也热衷于在掠夺性的战争中发财；许多受压迫的贫民也幻想到外部世界去寻找土地和自由，摆脱被奴役的地位；而教会的最高统治者罗马天主教廷，甚至企图建立起一个"世界教会"，确立教皇的无限权威。所有这些因素都促使西欧社会的各阶层把攫取的目光转向了地中海东岸国家。

而此时，在地中海东岸的地区里，社会动荡不安，宗教冲突四起，拜占庭帝国的皇帝阿历克修斯一世不得已向罗马教皇乌尔班二世求援，以拯救东方帝国。此举正中了罗马教皇的下怀。罗马教皇及西欧各国的教俗两界对富庶的东方早就垂涎已久，此时正是东扩的好机会。

1095年11月18日，教皇乌尔班二世在法国南部的克勒芒召开了一次历史性的宗教动员和誓师大会，来自西欧各国的教士、骑士、封建主、商人、平民和农奴有几千人之多。他们聚在一起，听教皇用法文发表了中世纪历史上最富鼓动性的一篇演说，一篇煽动进行战争的演说。教皇在演说中鼓动道："让我们投入这场神圣的战争吧！这是一场为了主、为了收复失地而进行的伟大的十字军东征。让一切争辩和倾轧都休止吧！快踏上征途吧！让我们从那个邪恶的种族手中夺回圣地吧！"在场者都被教皇的这篇讲话鼓动得热血沸腾、情绪激昂，他们高呼着口号，随即便踏上了战争的路途。

于是，长达200年之久，共进行了8次的"十字军东征"开始。

"十字军东征"是在1096—1291年期间发生的8次（有学者说共11次）打着宗教旗号而进行的战争的总称。这8次战争都是由西欧基督教（天主教）国家在教会的怂恿和鼓动下对地中海东岸的国家发动的战争。由于在战争期间，教会发给了每一个参战人员一枚十字架，所以由基督教（天主教）国家组成的军队被称为"十字军"。

3."十字军东征"的本质与副产品
从历史上看，无疑，"十字军东征"是一场十分残酷、十分血腥的战争。圣城耶路撒冷在战争中屡遭血洗。据记载，仅一次，就有约1万名的避难者在一所寺院里惨遭杀害。一名十字军的头目在写给教皇的信里说，他骑马走过尸体狼藉的地方，"血染马腿至膝"。除了报复杀人外，掠夺财物也是十字军东征的一大目的。十字军们每至一处，便要搜刮金银财宝、丝绸衣物以及艺术珍品，他们甚至剖开死人的肚皮到肠胃里寻找黄金。后来，因死人太多，干脆把死人堆起来烧成灰烬，再在尸灰里扒寻黄金。在这持续近200年、前后8次的"十字军东征"中，罗马教会贪婪与残暴的本性显露无遗，基督教由原先的被迫害者变成迫害者，对不同信仰、不同宗教的容忍意识急剧下降。

然而，任何事情都有两面性，这一场残酷的战争却为后来的欧洲现代化埋下了种子。比如：

①西欧各地的君主、贵族由于组织东征，所以开始了现代政府官僚分工制度的雏形，管理财政事务与管理军事事务各有人负责。与此同时，西欧大大小小的封建辖区开始凝聚，大的君主国如英国、法国开始出现，这是现代国家组织和意识的肇始。

②西欧各地首次直接接触伊斯兰文化，特别是科学、医学和建筑。这是后来欧洲文艺复兴的伏笔。

③欧洲各地得以向世界开放，欧洲文化，特别是基督教和骑士精神向外传播。

④战争带来了贸易的发达，推动了大规模的海陆基本建设，也催生了一些富有和开放的城邦共和国，如威尼斯和佛罗伦萨，使之成为日后文艺复兴的基地。

4. 敏感的词汇

新闻社发文说官方文献中不得出现"十字军"这一词汇，我感觉很难做到。遍查各种资料，还未发现有较好的相应的替代词。其实，这一中文词汇本身并无褒贬，用它来指代历史上的一件事应该可以。

倒是很有可能"十字军东征"这个词汇有些微妙，一个"征"字多多少少地有些倾向性。在汉语里，用来表示"正义"、"雄壮"的行动往往会用"征"，如我们熟知的"长征"、"征服"等往往都有些褒义在里面。日语中的表述是"十字军の远征"，不知是从我们的中文中学去，还是我们的中文受了日语的影响，但无论如何也是有个"征"。

英语中，"十字军"与"十字军东征"是一个词，crusade。查看金山词霸，可以看出，这一英语词汇确实带有几分褒义，比如可以翻译为中文的"讨伐"、"圣战"、"改革运动"等，甚至还有"投身正义运动"这样的解释。可见，这个英文词一定是非常敏感的，假如crusade是正义的，那crusade的对方必定是非正义的了？！

然而，金山词霸对crusade的中文直接翻译却是"十字军东侵"，一字之差，含义迥异，值得玩味。

5．结语
一个敏感的词汇引来了很多的资料查阅与思考，还是值得的。关于"十字军东征"这个历史事件，可能还有很多问题是需要世人去考证、去反思的。比如：

①宗教的本质是什么？人类为什么离不开宗教？

②战争的正义性如何确定？

③"十字军东征"带来了欧洲的文艺复兴吗？

④从文艺复兴以来，欧洲的进步是什么因素造成的？

哈哈，问题太多了，我们慢慢讨论吧。

注：写于2015年4月29日。

同事给我讲的一个小故事

昨天，同事ChJ来我办公室，给我讲了一个小故事，有点意思。故事是这样的：

古希腊时，柏拉图开学校，招了很多学生。开学第一天，柏拉图对学生们说，你们要干大事儿、成大师，做事就必须要持之以恒，只有持之以恒的人才有可能有所作为。柏拉图又说，我教给你们一个招式，就是举手，把手举在空中，就像向老师提问的那个样子，每天坚持这样练习，将来会有作为。

第二天，柏拉图问学生们，昨天都谁回家练习举手了，全班同学齐刷刷地都举起了手。

柏拉图隔一段时间便会问学生们这个问题，最近你们都谁还在练习举手啊？但举手回答说是的学生们越来越少了。

半年后，柏拉图又问，还有谁在坚持练习举手啊？举手回答的学生们已经寥寥无几了。

一年后，柏拉图又问，现在还有人坚持在家练习举手吗？此时，只有一个学生举起了手。

柏拉图笑了，嗯，能坚持的人必定能成大事。

这个学生叫亚里士多德，后来成为了大哲学家、大学问家。他的思想和学问影响了他之后的整个欧洲和西方世界，甚至波及2000年后的欧洲文艺复兴运动。

不知道这个故事是真人真事呢还是后人的杜撰，但不管它，ChJ的故事告诉我，只有持之以恒才能成大事。

注：写于2015年6月12日。

金钱与艺术

端午节期间，慕名到国贸商城去看了一个LV建筑展。LV的老板在法国巴黎老城西边的布洛涅森林公园里搞了一个文化展览中心，请当代最牛的建筑师盖里来做设计。盖里秉承了他一贯的建筑设计手法和风格，弧线、曲面、碎片化以及扭曲的玻璃和金属形体，硬是在绿油油、黑森森的公园里搞出了一个酷炫多端、奢靡耀眼并千奇百怪的又一所谓艺术杰作。

国贸商城里展出的就是这个建筑。展览馆也很酷，黑白色调，高雅不俗。

看罢展览，却不免想了很多：

1. 建筑的选址合适吗？

布洛涅森林公园原先是法国的皇家园囿，法国大革命后开始向公众开放，19世纪中叶时划归巴黎市政府，属于公共空间。在本该是公共空间的森林公园里，兀然降落这一怪诞的建筑，虽然给森林公园带来了活力，但同时也不得不让世人产生疑问，什么样的人才有可能在这一空间里种下自己的建筑呢？当然LV老板已经用事实回答了这个问题。LV老板嘛，钱有足够多，说服巴黎市政府当局让出一块地皮不是很难的事。展览馆讲解员说，LV有55年的该地皮使用权，55年后，该地皮及地上建筑就全部归还市政府了。听上去还不错，似乎是有钱人的一大善举，但利用公园建自己的展览中心总归不是一件让世人心悦诚服的事。资本家有资本家自己的逻辑，社会自然也会有社会的评价，只是这一评价要过一段历史时间后才会更加公允、客观。世人几乎都知道，有钱人可以做一些常人做不到的事。古今中外，莫不如此，只是"物不得其平则鸣"。草根如我者，见到如此绚烂异常的东东，自然要鸣几声了。

2. 盖里的设计是艺术品吗？
没人说盖里的建筑作品不是艺术品，我却打了个问号。

很显然这是资本家与艺术家的完美结合，足够炫、足够酷也足够奢靡。布洛涅森林公园本来就是艺术品和艺术家的催生之地，司汤达的《红与黑》、巴尔扎克的《交际花盛衰记》、莫泊桑的《我们的心》、左拉的《娜娜》都有着布洛涅的影子。最让人难以忘怀的是印象派画家马奈的《草地上的午餐》，那个香艳的、有裸体女人围坐身旁的午餐据说就发生在这个公园的某个角落。这里马蹄声脆、香气弥漫，王公贵族、妓女、叫花子、画家、诗人、小说家、时装设计师是这里的常客，布洛涅公园就是一个资本主义社会的小缩影。

建筑设计艺术从古希腊、古罗马到现在，经历了大大小小的思潮，罗马风、哥特式、文艺复兴式、巴洛克、新古典、现代主义、简约派、后现代等，一浪接一浪，接踵而至。到了当今这个时代，该是什么风、什么潮呢？

喜新厌旧是人类在审美这个问题上经常会犯的一个病。多美的女演员，总在电影里当主演，观众也会逐渐少的；多好的艺术风格，时间长了社会就不喜欢了，腻味了，非要换换口味才罢休。盖里的建筑作品就是在这样的审美心理背景下应运而生，加上金属、玻璃材料的可能以及计算机的辅助制图，再加上拼贴、混杂、并置、错位、模糊边界、去中心化、非等级化、无向度性等各种手法，盖里的建筑从开始的垃圾（有人曾经这样评价盖里的建筑）逐渐变成了奢侈品和艺术品。建筑史上肯定要记载下他的作品，艺术史上也会有他的名字，但历史也记录下了人类的迷茫和躁动。

3．中国建筑师的榜样吗？

LV的建筑在北京展览，很多国人建筑师慕名前往，我却担心别要受到毒害。

老板足够有钱，盖里足够有才，于是就让布洛涅森林公园里的这个酷炫玩意儿足够昂贵。每一片玻璃都有不同规格，需要特别的定制；外墙失去了原有的承重和围护的功能，变成了舞台上的布景；国际上流行的现代主义设计原则——"形式跟随功能"完全被抛弃；中国人发明的"坚固、实用，在可能条件下注意美观"这个口号显然更不合时宜。有钱就是任性，有钱就是要酷炫，拜金与奢靡其实已经是这个展览的主题了。

这个展览，国人可以看，但千万不可效仿。我们的原则不能丢，国际原则也不能丢，低碳仍然是当今地球上人类行动的一个准则。

4．金钱可以与艺术结合吗？

是的，金钱可以和艺术结合，结合好了，艺术家可以变资本家，资本家也可以变艺术家。当金钱遇上艺术，艺术会兴旺，金钱也会得到提升。历史上美第奇家族赞助艺术家的事例就是脍炙人口的故事。

但很多情况下，金钱与艺术的结合，产生的多是奢侈品而非艺术品。

而用金钱堆砌起来的"艺术"往往是犯罪，是对人类的犯罪。

注：写于2015年6月26日。

写在微电影颁奖之后

今天，我院为年轻规划师们自己编导拍摄的关于长辛店老镇的微电影颁奖，9部微电影都获奖项，值得庆贺。我作为评审之一，9部微电影都认真仔细地看过，总体觉得是非常好，是规划师开始跨界的一大举动。同时也不免感慨，如今的规划师是玩得了胡同，玩得了数据，也玩得了电影（似乎没有什么不能玩的了），而我却只能玩玩笔杆子了。

写几条观后感兼影评吧。

1. 叙事的方法

9部微电影都是通过讲述一些小人物的故事，通过讲述一些老宅子、老店铺、老街道、老清真寺、老洗澡堂子的简单故事来叙事推演开来，以物感事，因物动情。总体来说，这样的叙事方法是合适的，因为，10分钟很短，不太可能将一大段历史或一个人物、一个事件的具体细节前因后果都铺陈开来，只有择一二物或一二人的粗略经历，感慨一番即可，点到为止。这里的关键是"感慨"和"点到"。

日本文化或日本人的审美中有一个"物哀"的情结。所谓"物哀"就是说当人接触到外部世界时，会因物而动，会触景生情，或喜悦，或悲伤，或兴奋，或恐惧，或低回婉转，或思恋憧憬，这便是"物哀"。日本的文学、电影大多都充斥着"物哀"的情结。川端康成写一个女人喝茶用过的瓷碗，那瓷碗边的釉色因为女人的长久使用而变得有些殷红了，这就是"物哀"。日本人非常迷恋樱花，因为那樱花只开放短暂的几天便凋谢了，很像日本人的心理，所以描写樱花便是

"物哀"。

我们9部微电影其实也都有"物哀"的动机和企图，如果再稍加提炼、润色则更好。

第5号的结尾，聚来永副食店女主人向规划师们挥手道别的场景本来是可以小小地"物哀"一把的，但却现出"谢谢欣赏"四个字，有点煞风景。

2．节奏的问题

一件艺术品要成器最重要的因素是把握节奏，静止的艺术如绘画、雕塑、建筑如此，在时间上延续的艺术更是如此，如小说、音乐、电影。节奏于艺术作品之重要，以至于朱光潜说"节奏是一切艺术的灵魂"。那什么是节奏呢？朱光潜又说："在造型艺术则为浓淡、疏密、阴阳、向背相配称，在诗、乐、舞诸时间艺术则为高低、长短、疾徐相呼应。"电影是文学、绘画、摄影、音乐之综合艺术，则节奏更是它的夺命灵魂。

第4号、第7号电影中，都存在片中主人公讲话略显冗长的问题，如果采用旁白的手法将主人公的讲话打断几次可能效果就好一些，这就是节奏。

曾经看过一部法国电影（忘记名字了），2个小时的电影，一对儿年轻男女主人公在一个房间里讲话讲了1小时55分钟，最后5分钟，两人才跑到室外和旷野里。很多人对这个电影大加赞赏，说它的节奏超绝。哈哈，也可能吧。

前不久中国拍了一部电影，《12公民》，整部电影的绝大部分场景也都是在一间房间里12个人在交谈。没有觉得冗长，是因为交谈的内容起伏跌宕，一种节奏压住了另一种节奏，或者说一种缓慢的节奏（场景）衬托出一种疾驰的节奏（心理）。

如果说"节奏是艺术的灵魂"，那么这个灵魂的东西就是最不好把握的了。

3．手持摄影机的问题
晃动是手持摄影器材的最大问题，观众会因此感到眼睛疲倦甚至头晕目眩。第1号与第8号都存在此问题。

张艺谋拍的《有话好好说》，从头到尾都是晃动，不能说它晃得好，但它是有目的的晃。

这是个纯粹的技术问题，但做到位会使得影片更精彩，而且这是个容易解决的问题。

4．构图的问题
电影和绘画、摄影一样都是要讲究构图的（其实电影就是连续的摄影）。但由于电影处于动态之中，似乎这构图的问题就比绘画、摄影要难一些。是的，这是一个比较难的技术活，需要编导们在拍摄之前要筹划一下，甚至要画一些小样才好。

如果要拍建筑或城市，一点透视会显得呆板，两点透视会活泼一些，而多点透视则显得凌乱。但这不是绝对的法则，需要根据具体情况来处理。

三角形原理是很有用的一个绘画、摄影构图原理。几个重要的节点连成线构成一个三角形或几个三角形，会让画面既生动又稳定。

我们的微电影中有很多采访的镜头，被采访者的视线、摄影机的视线以及记者（采访者）的眼睛与摄影机的连线就构成了一个三角形，尽管画面中往往看不见摄影机也看不见记者的眼睛，但这条连线是真实存在的。这个三角形对画面起到支撑作用。

日本有一个电影导演，叫小津安二郎，这个人对电影的构图极为讲究，他为了一个好的构图，经常采用固定机位的方法来拍摄，甚至为了这个构图不被破坏，他禁止演员做大幅度的动作。小津安二郎认为，好的构图对凝造电影的气氛很重要。

5．我们能超过好莱坞吗？

我们的规划师开始跨界拍电影了，真是一个大好事。我们的微电影能赶上好莱坞的电影吗？

好莱坞电影是有一套模式的，一部电影中充满悬疑、刺激、声响、动作以及色情暴力、爱国主义，再加上摄影机的推拉摇移、俯拍仰拍、长焦广角，这些模式竟然让好莱坞电影经年不衰。我们的微电影也要这样吗？

可以尝试，但毕竟微电影只有10分钟时间，将好莱坞模式都浓缩进去不容易，即便都浓缩进去了，恐怕"节奏"就出问题。浓缩的果汁未必比原汁好喝。

日本电影（如《装殓师》）、法国电影（如《巴黎最后的探戈》）多是平缓抒情的（表面上平缓，内心里紧张），似乎比好莱坞更进入人的内心世界。

法国的《红气球》和《白鬃野马》是两部经典的儿童故事短片，几乎黑白，几乎没有对白，在各自短短的30分钟和40分钟里讲述了两个感人的故事，现实与超现实结合，完全符合儿童的心理。

郁达夫在评论日本文学时说，"在清淡中出奇趣，简易里寓深义"。

我想这句话可以用作规划师拍城市微电影的一个原则。

艺有法，但无定法。微电影该如何拍，还需要大家继续摸索实践。

感谢年轻的规划师们给我一次学习的机会。

注：写于2015年7月9日。

问道武当山

不日前，和几位同事赴湖北十堰市出差，目的是为该市做一个历史文化遗产的保护规划。市辖范围内有一山名武当山，乃道教圣地，若干年前已经被联合国教科文组织列为世界文化遗产。显然这是其文化遗产的重中之重，所以必然要去一游了。我和同事一行游览了武当山的几个重要景点，如太子坡、金顶、紫霄宫、南岩寺及"治世玄岳"石牌坊等，感受了一下道教的山水风格及建筑形态，回来后，利用网络和手头的资料将所谓的"道"简单梳理一下，供大家参考。

1. 武当山的来历

武当山，号称中国四大道教名山之一，且居众山之首（但四大道教名山都是哪几个，谁居首位，并无权威定论，且如此说）。资料称：春秋至汉末，武当山已是宗教活动的重要场所；魏晋南北朝时期，武当道教得到发展；唐贞观年间，武当节度使姚简奉旨祈雨而应，唐太宗敕建五龙祠；唐末，武当山被列为道教七十二福地之一；宋元时，皇室大肆封号武当玄武神，把玄武神推崇为"社稷家神"，将武当山作为"告天祝寿"的重要场所；而到了明代，武当山更是地位显赫，明永乐年间，成祖朱棣北建紫禁城、南修武当山，耗资数以百万计，日役使军民工匠30万人，历时12年，建成9宫、8观、36庵堂、72岩庙、39桥、12亭等33座建筑群；而到嘉靖年间武当山又增修扩建，被尊为至高无上的"皇室家庙"。

2. 道家思想的来历

道教是在中国华夏民族中自生自长的一门宗教。道教的产生和发展源自于道家思想。而道家思想的鼻祖或道家思想的第一位完整文字表述者公推为老子，也有人讲黄帝也是道家思想的拥趸者，故常有将道家思想称为"黄老之说"。庄子是道家思想的第二位代表人物，也有完整的文字表述，其生平也在努力践行"道"，故也常有"老庄思想"、"老庄理论"之称。但无论如何，老子都是道家思想的重要贡献者，尽管历史上老子是否确有其人还有争议。老子最重要的著作就是相传下来的那本《道德经》，也是我们现在可以看到的唯一的一部老子的著作。据说当年老子见周室将衰，便欲西渡隐居。走到函谷关时，被一位叫喜的关令拦住。喜素闻老子之名，便索以著书，所以，老子便在这函谷关写下了千古流传的《道德经》(也称《老子》)。写完这部书，老子便出关西去，不知所终。

《道德经》千古流传，声名远扬，但它到底都讲了什么？我觉得它可能讲了下面几个方面的内容：

①事物或宇宙的发展规律："道生一,一生二,二生三,三生万物"；"人法地，地法天，天法道，道法自然"。这是认识事物、认识世界的方法论。

②处世之道："上善若水。水善利万物而不争，处众人之所恶，故几于道。居善地，心善渊，与善仁，言善信，政善治，事善能，动善时。夫唯不争，故无尤。"

③有用与无用之辨："三十辐，共一毂，当其无，有车之用。埏埴以为器，当其无，有器之用。凿户牖以为室，当其无，有室之用。故有之以为利，无之以为用。"

④人的本性："含德之厚者，比于赤子。"

⑤美学观念："大方无隅，大器晚成。大音希声，大象无形。"

当然还有很多内容，需要慢慢研磨。

继老子之后，另一位道家巨擘是庄子。战国时代，诸侯混战，列强争霸天下，庄子不愿意被卷入争权夺利的污流中，便辞官（很小的官，据说是镇长之类）隐居，潜心研究道学。庄子大大继承和发展了老子的思想，与老子并称"道家之祖"。庄子的思想可以通过他的著作《庄子》（其中有部分为其弟子或后人所写）一书得以窥探。

《庄子》一书，无论在哲学思想方面还是语言文学方面，都给予了中国历代的思想家和文学家以深刻的、长远的影响，它标志着在战国时代，中国的哲学思想和语言文学已经发展到了一个非常高深、精妙的地步。可以说，庄子不但是中国哲学史上一位著名的思想家，同时也是中国文学史上一位杰出的文学家。

《庄子》一书大都以寓言形式写成，其哲学思想既继承了老子的"道法自然"，又开创出"天人合一"。所谓"天人合一"乃成为中国哲学的基本精神，也是中国哲学异于西方哲学的最显著的特征，其意蕴广远。

《庄子》一书的文学成就确实很高，奇妙的寓言、丰富的想象、灵活的结构加上富于抒情意味的文字，使得《庄子》中的寓言故事成为几千年来中国老少妇孺皆津津乐道的好题材，如"东施效颦"、"邯郸学步"、"濠梁之辩"、"庄周梦蝶"这些故事，家喻户晓。

鲁迅对《庄子》一书的评价是：汪洋辟阖，仪态万方。

除了老子、庄子之外，中国历史上还有一些高人也是道家思想的杰出代表。如：

列御寇，战国早期的思想家和寓言文学家，一生安于贫寒，不求名利，不进官场，写得《列子》一书，当然其中有些部分很有可能是其弟子门生代笔。《列子》一书中也多为寓言，其中《两小儿辩日》、《愚公移山》、《纪昌学射》等也是家喻户晓、脍炙人口。

刘安，西汉初年的淮南王，其著作为《淮南子》。汉初时，社会面临的主要问题是在经历了多年的战乱之后，整个社会亟待休养生息、发展生产、恢复元气，所以老子的道家思想很合时宜。淮南王刘安及其门下弟子发展了老子与庄子的思想，写出《淮南子》一书。《淮南子》也讲"道"、"无为"、"清静"等等，但又有些发展变化，如"世异则事变，时移则俗易"，"随时而举事"等。胡适对《淮南子》评价很高，他说："《淮南子》的哲学，不但是道家最好的代表，竟是中国古代哲学的一个大结束……真可算是周秦诸子以后第一家最有精彩的哲学。其中所说无为的真义，进化的道理，变法的精神，都极有价值。只可惜淮南王被诛之后，他手下的学者都遭杀戮，这种极有价值的哲学，遂成了叛徒哲学派，倒让那个'天不变道亦不变'的董仲舒做了哲学的正宗。"

当然中国历史上还有一些人物也对道家思想做出过贡献，如黄帝、许由、杨朱等。

3．儒家与道家的异同

儒家和道家是中国先秦时期的两大思想体系，它们都对中国的政治、哲学、文学等领域产生巨大影响。两种思想体系比肩而行两千多年，此起彼伏，此兴彼衰，且互相交错、互相渗透，至今还在影响着中国人，就如同古希腊的文明至今还在影响着欧洲人一样。那么，儒家和道家的异同在哪里呢？

简单地归纳起来，可以看出儒道两家的大致不同：儒家多以孔孟为代表人物，而道家多以老庄为代表人物；儒家的主要作品是《论语》、《孟子》等，而道家的主要作品是《道德经》、《庄子》等；儒家讲入世，讲修身齐家治国平天下，而道家讲出世，讲独善其身；儒家讲先天下之忧而忧、天下兴亡匹夫有责，而道家讲清静无为、无道则隐；儒家讲礼仪秩序，而道家讲标枝野鹿；从两种思想体系的外在形象上来说，儒家显得质朴浑厚、礼仪规范，而道家显得空灵生动、自然天成；从哲学和社会的作用来说，儒家似乎是"建构"者，而道家似乎是"解构"者。

尽管儒道两家有很多不同，但仔细考察下来的话，会发现，其实，两者也有很多互补交叉之处，尤其是两者都深深受到中国传统的周易学说的影响，都在用阴阳太极的模式寻求宇宙之最根本规律（关于周易学说对儒道的影响则又是一个重要的话题了）。

4．道教的形成

按照许地山的说法，道教的形成大概于公元前4世纪，是由于道家学派与阴阳家学派相结合的产物。

阴阳家学派是战国时期重要学派之一，因提倡阴阳五行学说，并用它解释社会人事而得名。这一学派，当源于上古执掌天文历数的统治阶层，也称"阴阳五行学派"或"阴阳五行家"，齐人邹衍是其代表人物。阴阳学是古代汉族重要的哲学思想，《史记》称其"深观阴阳消息，而作迂怪之变"，《吕氏春秋》则直接受到邹衍学说的影响。大体而言，邹衍的阴阳家思想表现在将自古以来的数术思想与阴阳五行学说相结合，并试图进一步的发展，用来建构宇宙图式，解说自然现象的成因及其变化法则。中国古代汉族的天文学、气象学、化学、算学、音乐和医学，都是在阴阳五行学说的基础上发展起来的。

显然，阴阳家思想最初也很有可能是来源于《易经》（包含《周易》、《连山》、《归藏》）。阴阳家推崇黄帝，后来与道家对于事物消长顺逆之理参合，于是便成为道教演变之推手，也帮助道教逐渐形成其教义。

由此可见，道教是中国汉族最早的成思想体系的宗教。

东汉时期，沛人张陵入蜀地创立五斗米教（天师道），奉老子为教主及太上老君，一时风生水起并流延不绝。这恐怕是道教初期的一个形态了。

道家思想与道教，虽然它们在某种理念上有共同的思想基础，但从道家的哲学思想演变成百姓顶礼膜拜的道教，这之间的思想行为之差异也还是有目共睹，如何区分道家思想与道教，也是古往今来很多文人、思想家想要做的事情。根据许地山的归纳总结，大体上说，道家思想与道教之间可以分三品加以区别。一品：上标老子，以老子的思想为道，强调自然与无为；二品：中述神仙，以炼养服食为手段，欲求长生不老；三品：下袭张陵，符箓章醮，装神弄鬼。这三品中，上品自然是老庄的思想，深刻富有哲理，至今依然熠熠生辉，而中品和下品虽然原本道家，实与道异，只不过是依着炼养服食与符箓章醮来做消灾升天的阶梯罢了。

5. 武当武术与张三丰

武当山吸引世人的另一个亮点是武当武术，显然，武当武术与武当山的道教联系紧密。相传，武当武术的创立者是宋、元、明年间的武当道士张三丰。张三丰在修炼学道时，和其他道士一样常常伴以习练武功。但张三丰将道家的"道法自然"与"天人合一"揉进了武功之中，又加以阴阳消长、八卦演变、五行生克等理论，终于形成了独特的一套武功。该武功以养生为宗旨，视技击为末学，被世人称为武当武术，成为中华武术的一大名宗。张三丰身跨宋、元、明三朝，享年200余岁方仙逝，可谓真正的全真道人，奇人也（资料记载张三丰享年212岁，实在令人不可想象）。

6. 太上老君与玄武大帝

在道教最初开始形成时，因为道教是因袭道家思想而成，所以，道家思想的鼻祖老子便成为道教的最高尊神。"老子道成身化，蝉蜕度世，自羲农以来，迭为圣者师。"东汉时的张陵创立五斗米教（天师道，道教的最初门派），将《道德经》尊为道教第一部圣典。北魏时的寇谦之改革道教，将老子尊为"老君"、"太上老君"。

继"太上老君"之后，大约在隋朝时，道教中又出现了和他地位相等的另两位道教尊神，即"元始天尊"和"灵宝道君"，这样，道教中便有了三位尊神。但至唐朝时，通常认为，这三位尊神都是老子的化身，于是在道教中便有"老子一气化三清"之说。所谓"三清"就是三位尊神。

玄武是中国古代汉族神话传说中一种由龟和蛇组合成的一种灵物，因武、冥二字古音相通，所以，玄武也即玄冥。玄为黑，冥为阴，玄冥就是龟卜的意思，即请龟到冥间去诣问祖先，将答案以卜兆的形式显给世人。同时，中国古代汉族又多以青龙、白虎、朱雀、玄武这四种灵兽及它们的颜色来表述东西南北四个方位，而玄武可通冥问卜，因此有别于其他三灵。灵物玄武的这些特性，经过长时间的演绎和附会，逐渐被民众所接受并被称为镇守北方的"玄武大帝"或"玄武真君"。而道教也在其发展演变中，将玄武认定为其尊神之一（大约在唐之后，待考）。至明朝时，由于明成祖朱棣的极力推崇，玄武成为道教的最高神灵。明世宗嘉靖曾敕建一块石牌坊，曰"治世玄岳"。清康熙年间，因避讳玄烨，而将玄武大帝称"真武大帝"（因玄烨而避玄武的说法待考），故今日，"玄武"、"真武"皆流行于世间。

7. 结语

自武当归来后，将道家与道教的问题非常粗略地梳理了一下。我知道，这两千多年来的思想、文化、宗教之发展演变，是非常庞杂繁乱多端的，无论如何用文字表述都会显得盲人摸象、只见树木，但我还是努力写下这篇文字，以求能管中窥豹。

其实，关于道家和道教这个课题，还是有诸多疑问需要我们去探究解析的，比如：

①中国春秋时代，百家争鸣，为何"道家"最后竟发展成了一宗宗教，而其他的家并没有这样的结果？"儒家"在中国历代备受推崇，成为统治阶层的主流价值观，但最终没有演变成具有礼仪、祭祀形式

的宗教，这是为什么？

②明朝时，明成祖朱棣大力推崇道教，是为哪般？仅仅是为了维护他的皇位的合法性吗？道家思想与道教典仪哪一样与他的价值观相参合呢？有待研究。

③中国传统的思想、哲学博大精深，耐人寻味，道家思想尤是。然而和同时期的西方思想哲学（古希腊）比较起来会发现，西方的思想哲学最终导致了文艺复兴运动、启蒙运动与现代科学的诞生，而中国的道家思想，先是演化出道教，继而甚之，肉芝石华、黄书御女、符箓问卜、炼丹章醮，或求长命百岁，或求升官发财，从皇帝至百姓皆以此为真，这一切与原本的道家思想已然大相径庭，而且甚至已经达到了"荒唐"的程度（写青词，炼丹丸）。为什么中国的道家思想会有这样的结果？

好了，暂写至此，道不是一天就能问成的，这些问题留待以后慢慢研究吧。

注：完成于2015年8月11日。

学习"中国制造2025"的体会

从2015年8月19—22日，我参加了市委党校组织的"中国制造2025"专题培训。通过这次学习，我对所谓的全球第三次工业革命有了一个大致的了解，对中国在工业、制造业这个领域的情况有了一个大致的了解，对我们政府于该领域的规划设想有了一个大致的了解，使我这个多年从事城市建设的人又敞开了头脑，增长了见识。培训后，领导要求每人写一篇学习体会，我想就把人类史上的几次重大产业革命、科技革命做一个梳理吧，算是从更宏观的层面来回顾并展望一下人类社会的进程。

1. 地球与人类简史

大约137亿年前，大爆炸！宇宙诞生。

大约45亿年前，地球诞生。

大约40亿年前，生命诞生。

大约300万年前（或700万年前），人类诞生。

人类在其发展历史中，已经经历了两个大的时代：

1）蛮荒时代

这个时代从人类诞生开始一直延续到距今5000年左右。之所以说是蛮荒时代，因为在这漫长的岁月里，人类还没有发明出文字，还没有真正学会建造房屋，人类还没有进入到一个自主的境地，人类受大自然的控制比较严重。在蛮荒时代里，又可以分两个小时代，分别是：

①旧石器时代，人类从其诞生时至距今1万年左右。这一阶段，人类以制造和使用打制石器为主要生产工具，同时也出现了装饰品和绘画、雕塑等艺术品。

②新石器时代，从距今1万年左右至距今5000多年或2000多年。这一阶段，人类以制造和使用磨制石器为主要生产工具，同时还发明了陶器。这一时代的末期出现了原始农业、畜牧业和手工业。所谓的第一次农业革命到来，人类开始进入到文明时代。

2）文明时代

这个时代从距今5000多年或2000多年一直到现在。这一时代，人类从农业革命起步，经历了几次工业革命，发明了宗教、文字，学会了建造房屋、城市，掌握了国家、军队、法律等社会组织的技巧，懂得了科学技术于人类社会的作用。这个时代也可以分为两个小时代，分别是：

①农业时代，从距今5000多年或2000多年直至18世纪。这个时代的初期已经开始出现金属工具，为了生产的需要，宗教、文字也开始出现。这个时代的末期则是所谓的第一次工业革命到来，人类进入到工业时代。

②工业时代，从18世纪至今。这个时代以第一次工业革命为起点，经历了第二次工业革命，并已经开始进入到第三次工业革命（也有称第三次科技革命）的进程中。

上面关于人类社会的阶段划分主要是指人类物质生活和生产力方面的阶段划分，参考了历史学家们的种种观点，也加入了我的理解。做这样的划分有利于我们更好地了解人类社会。

人类在发明文字前，应该也有精神生活或思想意识的，但历史久远，现存遗迹甚少，只有少量的绘画、雕塑等艺术作品，似乎不足以系统说明人类在那时的精神生活和思想动态。所以，关于人类社会在思想、哲学、文学、美学、社会学等方面的发展论述和阶段划分只能在人类进入文明时代，即有文字记载的范围内进行了。

2．关于第一次农业革命

当人类社会进入到旧石器时代晚期的时候，由于自然环境的变化或人口的增加使得食物相对短缺起来，于是人类开始动脑筋想办法。当人注意到植物的种子掉落在地上后会长出新的植物时，人类便开始了农业，从过去的采集食物到生产食物。这就是具有划时代意义的"农业革命"，也可以说是人类历史上的第一次"产业革命"。

这场革命的重要性在于，人类逐渐摆脱了单纯的对自然的适应和简单的依赖，转而开始对自然有目的地利用和主动地改造。也正是由于这场革命，人类也开始从迁徙状态的采集、狩猎生活转变为定居状态的农业、养殖生活。人类的食物开始富足起来，人口进一步增长。同时这样的生活方式促进了人类的宗教活动，文字开始被发明，陶器和金属工具也都出现。

这场"农业革命"发生在大约1万年以前，人类得此从旧石器时代进入到了新石器时代。

两河流域是较早的农业中心之一。1万年前，那里的苏美尔人就学会了种植大麦和小麦，而且产量颇丰，据说当时的苏美尔人撒下1斤的小麦种子就可以收获80斤的小麦。这确实是一个非常惊人的产量，要知道，在欧洲，已经到了中世纪时，人们撒下1斤的小麦种子，才可以收获5斤小麦啊。

3．关于第一次工业革命

当人类社会进入到18世纪时，又发生了一次天翻地覆的变化。这场变化发端于英国手工业生产的技术革命。

由于资本主义的兴起、新大陆发现后带来的海外贸易扩张以及圈地运动，到18世纪时，英国的纺织业蓬勃兴起，同时也对纺织机械的工作效率提出了更高的要求。1733年，机械师凯伊发明了飞梭，大大提高了织布速度，同时又导致棉纱供不应求。1765年，织工哈格里夫斯发明了"珍妮纺纱机"，大幅度增加了棉纱产量。"珍妮纺纱机"的出现在棉纺织业中引发了发明机器、进行技术革新的连锁反应。有学者认为，"珍妮纺织机"的出现是棉纺织业中具有里程碑意义的标志性发明，它揭开了工业革命的序幕，所以，1765年也常常被学者们认为是工业革命的开端之年。"珍妮纺织机"虽然工作效率提高很多，但它的动力仍然是人工手摇，于是之后不久，在棉纺织业中又出现了畜力、水力织布机等机器。棉纺织业在技术方面的革新又引发了采煤、冶金等领域的技术改造，机器生产逐步走进工业领域。

随着机器生产的增多，原有的动力如畜力、水力和风力等已经无法满足需要，新的动力来源呼之欲出。1785年，在英国伯明翰，工程师瓦特在经过了20多年的艰苦探索和不断改进后，终于将蒸汽机进行了改良并使用于工业生产。改良后的蒸汽机为生产机械提供了更加强大的动力，大大推动了机器的普及和发展，人类社会由此进入到了"蒸汽时代"。

美国历史学家斯塔夫里阿诺斯说："蒸汽机的历史意义，无论怎样夸大也不为过。它提供了治理和利用热能、为机械供给推动力的手段。因而，它结束了人类对于畜力、风力、水力由来已久的依赖。这时，一个巨大的新能源已为人类所获得。"

1819年8月，瓦特去世，在他的讣告中是这样形容他改进的蒸汽机的："它武装了人类，使虚弱无力的双手变得力大无穷，健全了人类的大脑以处理一切难题。它为机械动力在未来创造奇迹打下了坚实的基础，将有助并报偿后代的劳动。"

自英国兴起的这场工业技术革命迅速蔓延到欧洲及世界各地，法国、德国、美国、日本等国也纷纷加入到了这场工业技术革命的行列。由于英国在这场技术革命的率先，使得它成为当时世界上第一个工业国家，也成为世界上第一强国。

这次以"珍妮纺织机"和"蒸汽机"为标志的人类社会的大变革是继1万年前的农业革命之后的又一次变革。经此变革，社会生产力大大提高，手工工厂逐渐消亡，代之而起的是机器工厂，生产关系也发生了变化，所谓工业无产阶级开始形成并壮大起来。

这场社会大变革被称为"工业革命"或"第一次工业革命"，也可以被认为是人类社会的第二次"产业革命"。

4．关于第二次工业革命

当人类社会进入到19世纪时，人类又迎来了一场产业革命，即"第二次工业革命"。

第二次工业革命最显著的特点是电力的应用。

1831年，英国科学家法拉第发现电磁感应现象，根据这一现象，对电做了深入的研究。在进一步完善电学理论的同时，科学家们开始研制发电机。

1838年，美国人莫尔斯发明了电报机并成功进行了3英里的电报发送。

1866年，德国科学家西门子制成一部发电机，后来几经改进，逐渐完善，到19世纪70年代，实际可用的发电机问世。

1870年，比利时人格拉姆发明电动机，电力开始用于带动机器，成为补充和取代蒸汽动力的新能源。

1879年，美国人爱迪生研制电灯成功。

1882年，法国学者德普勒发现了远距离送电的方法；同年，美国发明家爱迪生在纽约建立了美国第一个火力发电站，把输电线连接成网络。

1885年，在科学家特斯拉等人的努力下，交流电动机问世。

这些电气设备的发明，实现了电能与机械能、电能与热能、电能与光能的转换。之后，电气产品如雨后春笋般地涌现出来，人类社会进入到了"电气时代"。

内燃机的创造和使用也是第二次工业革命的特征之一。

1876年，德国人奥托制造出第一台以煤气为燃料的四冲程内燃机，成为颇受欢迎的小型动力机。1883年，德国工程师戴姆勒又制成以汽油为燃料的内燃机，具有马力大、重量轻、体积小、效率高等特点，可作为交通工具的发动机。1885年，德国机械工程师卡尔·本茨制成第一辆汽车，本茨因此被称为"汽车之父"。这种起动方便的汽车有三个轮子，每分钟的转速约250次，时速约15公里，带有一个用水冷却的单缸发动机，功率为3/4马力，用电点燃。接着，德国工程师狄塞尔又于1897年发明了一种结构更加简单、燃料更加便宜的内燃机——柴油机。这种柴油机虽比使用汽油的内燃机笨重，但却非常适用于重型运输工具，如船舶、火车和载重汽车。

以内燃机为动力的汽车作为一种新的运输工具，发展也很迅速。19世纪90年代，世界各国生产的汽车每年只有几千辆，但到了第一次世界大战前夕，世界的汽车年产量已猛增到50万辆以上。

1896年，德国工程师首次将内燃机装在飞行器上做飞行实验，试飞高度曾达到30多米。1903年，美国人莱特兄弟发明飞机。

内燃机的发明和使用还推动了石油开采业的发展，加速了石油化工工业的产生。美国在内战前夕的1859年，已在宾夕法尼亚州发现石油，钻出第一口油井，但石油最初只用于照明。随着内燃机的广泛应用，对燃料油的需求猛增，人们开始大量地开采和提炼石油，石油的产量迅速增长。1870年，全世界只生产了大约80万吨石油，到1900年已猛增到2000万吨。

第二次工业革命期间，电讯事业的发展尤为迅速。继有线电报出现之后，电话、无线电报相继问世，为快速地传递信息提供了方便。

化学工业的建立也是这一时期科学技术应用与生产的一项重大突破。1867年，诺贝尔研制炸药成功，19世纪80年代又改良了无烟炸药，大大促进了军事工业的发展。80年代初，科学家提炼出来了氨、苯等化学产品。

第二次工业革命也推动了一些老工业部门如冶金、造船和机器制造业的技术革新和发展。

由以上这些成就可以看出，第二次工业革命是一个全方位的产业革命，电气设备的使用、内燃机的使用、石油工业的兴起，使得整个世界又进入到了一个新的境界。

5．我们正在经历的时代——第三次工业革命（第三次科技革命）
从第二次世界大战后直至今天，我们人类社会在科学技术和生产力方面又进入到一个新的发展阶段，很多学者将这次的科学技术和生产力的进步称为第三次工业革命，也有学者称其为第三次科技革命。下面暂时按照"科技革命"来称呼它吧。

第三次科技革命是人类社会继蒸汽技术革命和电力技术革命之后在科技和工业领域里的又一次重大飞跃。它是在科学理论的指导下，以原子能技术、电子计算机技术、空间技术、生物技术、新能源技术、新材料技术、海洋技术和信息处理技术的发明和应用为主要标志的一次重大的社会进步。我们可以看见或预见，这次的革命如同人类社会前几次的产业革命一样，是一场影响到社会方方面面的革命，它将会又一次极大地推动社会生产力的发展，促进社会经济结构和人类生活方式的变化。

关于原子能技术、电子计算机技术、空间技术、生物技术、新能源技术、新材料技术、海洋技术和信息处理技术在这场革命中的具体表现，很多资料多有评论，此不再赘述。

这场科技革命比起以往的科技革命有着如下的一些特点：

①科学技术在推动生产力的发展方面起着越来越重要的作用，科学技术转化为直接生产力的速度加快。在过去，一项技术革新从其发明到其大规模地实际运用，通常要花费很长时间。比如，照相机用了122年，电话用了56年，而现代的电视机只用了5年，激光用了2年，原子能从其被发现到世界上第一座核电站投入使用，用了15年。

②科学和技术密切结合，相互促进。在这场科技革命中，科学与技术之间的相互关系发生了巨大变化，科学与技术相互渗透，科学、技术、生产形成了统一的革命过程。一般来说，第二次世界大战后的重大技术突破，都是在自然科学理论的指导下实现的，而重大的技术革命的成果，又进一步丰富、充实了自然科学的理论，二者相辅相成。

③科学技术各个领域之间相互渗透。在现代科学技术发展的情况下，出现了两种趋势：一是学科越来越多，分工越来越细，研究越来越深入；二是学科间的联系越来越密切，科学研究朝着综合性方向发展。

④在这场科技革命中，科学、技术、生产三者之间的联系大为加强。科学提供物化的可能，技术提供物化的现实，生产则成为物化的具体实现过程。对于科学来说，技术是科学的延伸；对技术而言，科学是技术的升华；对生产来说，科学技术是其实践活动的必要前提。三者之间相互渗透、相互影响以致出现了密不可分的趋势。

6．我的一些思考

这次听"中国制造2025"的讲课，收获很大，也引发了我的一些思考，写出来，供讨论。

讲课中，很多老师都提到了"第三次工业革命"这个概念，但从其他材料（网络）上看到，很多学者似乎更倾向于使用"第三次科技革命"这个称谓。应该使用哪个称谓才好呢？

美国学者阿尔文·托夫勒（《第三次浪潮》的作者）把人类社会经历的几次重大变革称为"浪潮"（wave）。他认为，人类社会的发展，迄今经历了和正在经历着三次浪潮。第一次浪潮是农业革命，从而开始了农业时代，直至18世纪；第二次浪潮是工业革命，是始于18世纪而至今的两百多年；第三次浪潮则是我们目前正在经历着的另一次浪潮、另一场革命，托夫勒将之命名为信息革命。

这里，托夫勒的观点和本文前述的一些观点有些不同。①托夫勒将第一次工业革命和第二次工业革命合并称为工业革命或第二次浪潮。但很多历史学家和学者还是将这两次工业革命分列开来，我也倾向于这样，因为这两次工业革命以不同的能源结构，即蒸汽动力和电力作为表征，而托夫勒自己也是将能源结构的变化视为几次大浪潮的标志的。②托夫勒将第三次浪潮称为信息革命，与我们现在大多数学者的表述不尽一样。我认为，这第三次的革命不光是信息处理技术的重大进步，其他领域同样进步重大，如原子能技术、生物技术、新材料技术等，单用"信息"一词难以概全。但如同"蒸汽时代"、"电气时代"一样，用"信息时代"来作为这一个阶段的标识也未尝不可。

英国学者韦尔斯（《世界史纲》的作者）对历史书上曾出现的"机器革命"与"工业革命"这两个词汇也有自己的见解。他认为："现在的史书中存在一个误区，总把机器革命与工业革命混淆，其实这两个概念是有区别的。机器革命是人类在研究系统科学的过程中所产生的一种全新的事物，就像农业和金属的出现开创了人类历史的新纪元。工业革命是从根本上不同的另一个概念，是一种在历史上已经有先例的社会上经济上的新的跨越。"

以色列学者尤瓦尔·赫拉利（《人类简史：从动物到上帝》的作者）则认为，在人类历史的路上，有三大重要革命：大约7万年前，"认知革命"（Cognitive Revolution）让历史正式启动；大约12000年前，"农业革命"（Agricultural Revolution）让历史加速发展；而到了大约不过是500年前，"科学革命"（Scientific Revolution）可以说是让历史画下句点而另创新局。赫拉利对于人类历史上重大变革的认定与其他大多数历史学家的观点不尽一致，他又添加了一项"认知革命"，也是值得研究的。

所以，关于我们当前正在经历的这场科学技术与产业的变革，给予一个什么样的词汇才是恰当的呢？我认为还是"科学技术革命"的表述比较好，比"工业革命"、"产业革命"更全面、更深刻也更准确。但我同时认为，这次革命却不是第三次，而是第四次。理由如下：

纵观我们人类历史上在物质生活和生产力发展方面几次重大的变革，都可以认为是科学技术的变革。1万年前，当人类开始从采集食物转而到种植食物时，这里分明是科学技术的进步啊，而且是一次非常重大的科学技术的进步，人类懂得了植物的种子可以再生植物，懂得了四季变化影响到植物的生长，这不是科学吗？这是大大的科学。人类懂了这个科学后，开始种植食物，耕地、撒种、浇水、收获等等都是科学，也是种植技术的大发展。

如此算来，农业时代、蒸汽时代、电气时代以及现在的所谓信息时代，我们人类应该经历了四次物质生活和生产力发展的大变革，所以如果要对如今的这场变革命名的话，应该是第四次科技革命。

综上所述，我们可以把人类社会所经历的物质生活和生产力发展的阶段重新命名并划分一下了：

①1万年前，人类社会迎来了第一次科技革命，这场革命导致人类学会了种植食物，导致人类开发了一系列的农业技术，并继而导致人类产生了宗教（有限的科学理念无法解释自然现象的后果）、发明了陶器和金属工具的制造方法、发明了文字，使得人类自身从蛮荒走向文明，人类社会进入到"农业时代"。

②18世纪，人类社会迎来了第二次科技革命，人类开始从农业生产、手工业生产转向工业生产，机器代替了手工，蒸汽动力代替了人力和畜力。人类社会进入到了"蒸汽时代"。

③19世纪，人类社会迎来了以电力、内燃机、石油工业为主要标志的第三次科技革命，人类社会进入到了"电气时代"。

④20世纪，人类社会迎来了第四次科技革命，即我们现在正在经历的这场科技革命。这场革命使得我们进入到了"信息时代"。但要注意的是，这场革命绝不仅仅是信息技术的革命，而是一个全方位、多领域的科技大进步。

把我们人类自身社会在物质生活和生产力方面的发展做这样的一个划

分并给予适当的命名，其目的是让我们可以更好地了解我们这个社会，也可以更适当地预见我们这个社会的未来走向。

值此"中国制造2025"培训班学习，做以上的历史思考，有助于我们了解中国，了解中国目前的现状，对中国的发展也会有裨益。

以上是我在"中国制造2025"培训班学习之后的心得体会，请领导和专家批评指正。

注：写于2015年8月27日。

从习近平总书记在西雅图的演讲读他的价值观与情怀

这几天，媒体上纷纷报道习近平总书记在美国西雅图的演讲，其中尤以习总书记在讲话中透露出的一些美国作家和他们的著作让人热议。是的，一个大国的领袖人物，都读哪些书，有什么思想意识，该国的百姓是很关心的。我也想凑凑热闹，借领袖的书单来探讨一下领袖的思想和价值观。哈哈，题目有点大，供参考吧。

习总书记在西雅图的演讲中这样描述他曾读过的美国书和美国人："中国人民一向钦佩美国人民的进取精神和创造精神。我青年时代就读过《联邦党人文集》、托马斯·潘恩的《常识》等著作，也喜欢了解华盛顿、林肯、罗斯福等美国政治家的生平和思想，我还读过梭罗、惠特曼、马克·吐温、杰克·伦敦等人的作品。海明威《老人与海》对狂风和暴雨、巨浪和小船、老人和鲨鱼的描写给我留下了深刻印象。我第一次去古巴，专程去了海明威当年写《老人与海》的栈桥边。第二次去古巴，我去了海明威经常去的酒吧，点了海明威爱喝的朗姆酒配薄荷叶加冰块。我想体验一下当年海明威写下那些故事时的精神世界和实地氛围。我认为，对不同的文化和文明，我们需要去深入了解。"

哇，习总书记一口气说出了这么多的政治家、作家以及他们的著作，这真是让我们汗颜啊。好吧，在习总书记的鼓励下，我们也来读读这些美国人和他们的书，看看到底都是些什么样的东西。

1. 关于《联邦党人文集》

《联邦党人文集》是美国的几位开国领袖在18世纪时写的关于美国宪法的论文集。

1787年，刚刚从英国统治下独立出来的13个殖民地派代表在费城开会商讨国是。代表们认为，要想建立一个好的国家，必须要有一个好的政府，而要保证政府永远是好的，则必须要有一个指导政府如何运行的规则，这个规则就是宪法。于是，这次会议便演化成了美国历史上著名的制宪会议。这次会议开了100多天，在经过了激烈的争吵和妥协之后，代表们终于制定出一份《美国联邦宪法》。这部《美国联邦宪法》虽前前后后也曾经历了27条修正案的修改（实际上是增补），但其基本思想没有变，200多年来，在美国的政治生活中一直发挥着巨大的作用。

那么，这部《美国联邦宪法》到底都讲了什么，它又体现了那些政治理念呢？我认为，它所体现的政治理念有三。

一是"主权在民"的理念。"主权在民"的思想最早是英国著名政治思想家洛克提出来的。洛克的一生见证了英国资产阶级革命的全过程，他的思想概括了英国资产阶级革命的成果，奠定了资产阶级政治思想基础。他的思想核心内容是驳斥"君权神授"的封建专制主义思想，提出了"主权在民"的思想。法国启蒙思想家卢梭的名著《社会契约论》发展了洛克的思想，全面系统地阐述了"主权在民"的政治主张。《美国联邦宪法》吸收了启蒙思想家卢梭和孟德斯鸠等人的"主权在民"思想。宪法宣布美国实行共和政体，把最后的权力赋予人民。人民通过选任和委任代表，行使国家立法权，并有权监督各行政部门的工作。

二是"三权分立"的理念。"分权"思想最早也是英国著名的政治思想家洛克提出来的。洛克为了保证他所提出的"主权在民"的民主政治的实现，提出了"分权"学说。洛克把国家权力分为三种：立法权、行政权和外交权。他指出，三种权力必须分别由不同机关来掌握，如果同一机关既握有制定法律的权力，又握有行使法律的权力，就不可能保证"主权在民"思想的贯彻。法国启蒙思想家孟德斯鸠在其名著《论法的精神》一书中，继承和发挥了洛克的"分权"思想，更加完整地提出了"三权分立"的主张。孟德斯鸠认为，任何一个国家都有三种权力：立法权、行政权和司法权。他认为，如果这三种权力不互相独立、互相约束，那么就没有自由可言。《美国联邦宪法》把洛克和孟德斯鸠的"三权分立"主张付诸了实践。宪法规定，美国政府由立法、行政和司法三个平等独立的部门组成，各部门有其自己的职权范围，彼此没有从属关系，但又必须互相依存、互相制约，赋予一个部门的权力由其他两个部门加以制约，以此防止滥用权力。

三是"联邦与州分权"的原则。美国宪法规定，国家结构实行联邦制，联邦政府与州政府实行分权原则。宪法规定，联邦的权力是各州赋予的，而各州的权力是保留的，但是联邦的地位高于州的地位。宪法采用"列举权力"的形式规定了联邦的一系列权力：如征税借款权，管理外贸和州际商业权，发行公债及货币权，设立联邦法院权，宣战、缔约和对外关系权，建立维持陆海军权等。同时宪法又以"保留权力"的形式，规定一切未经列举的权力均属于州，州保留权力主要是指处理本州范围内部事务的权力，如州内工业、商业、交通、卫生、文教及一般民事、刑事案件等。按照宪法规定，联邦与州的权力有专有权和共有权的区别，如军事、外交是联邦专有权，教育和治安是州专有权，征税是联邦与州共有的权力。宪法同时规定：州与州的关系是平等合作的关系，联邦宪法是全国最高的法律，任何州的宪法和法律都必须服从联邦宪法，不得与联邦宪法和法律相抵触。

由上面的分析可以看出，《美国联邦宪法》将人类2000多年来苦苦思索的国家政治体制问题，将柏拉图的《理想国》、英国的《自由大宪章》、洛克和孟德斯鸠的"三权分立"，将文艺复兴的冲破神的枷锁，将启蒙运动的自由民主都最终加以落实，是人类历史上一次成功的对于国家制度的顶层设计。《美国联邦宪法》标志着人类在精神生活方面的一大进步。

而《联邦党人文集》正是在这一大背景下（宪法已经拟定，正在各州讨论准备最终通过之际）产生出的一系列文献，它为这部人类历史上第一部成文宪法而呼吁呐喊，为了一个能长治久安的国家而殚精竭虑。《联邦党人文集》如同《美国联邦宪法》一样，是研究美国历史和政治的重要历史资料，在美国的政治生活中发挥着巨大的作用。

此次习总书记访美，在西雅图的演讲中提到这部重要的著作，这部充满"资产阶级价值观"的著作是随口一提吗？还是深思熟虑？随口一提肯定是不会的，习总书记讲话字斟句酌，绝不会随口一提。但要说习总书记崇尚"天赋人权"、"还政于民"、"三权分立"等这些资产阶级价值观并要践行之也未见得。习总书记是读过很多书的人，书读得多，胸怀就宽阔，书读得多，眼光更务实。想起习总书记前不久曾说过："百里不同风，千里不同俗"，余深以为是。

倒是有一个问题值得关注，这个所谓的联邦党在18世纪美国讨论宪法的时候，是主张把权力更多地赋予联邦政府而非州政府的一些人，也就是说是一些主张中央集权的人。在当初制定宪法的时候，他们和那些主张分权到各个州的人曾发生过激烈的争吵，并自称是"联邦党人"（federalist）。美国走过了200多年，联邦党人中只有一位曾当选总统，但是，美国现在的政治体制虽然没有脱离宪法，但是却朝着联邦党人的目标大大迈进了，也就是说，联邦政府的权力越来越大，而州政府的权力与形象都逐渐在萎缩。这是一个政治体制的细节问题，但值得探讨。

2．关于《常识》

《常识》是一本流行于美国独立战争期间的小册子，对美国的独立起到过重要的推动作用，其作者是托马斯·潘恩。潘恩本是一个裁缝，在18世纪北美殖民地与英国宗主国激烈斗争的时候，也投身其中，支持北美殖民地。而当他看到很多政治家如华盛顿、富兰克林、亚当斯等畏手畏脚、优柔寡断，并不明确提出独立思想时，愤然挥笔写出了这个小册子，公开提出美国独立革命的问题，并竭力强调革命之后建立共和政体才是最终目标。

在这本不过50页的小册子中，潘恩宣称下面这些事情应该像常识一样自然可信：

乔治三世只不过是大不列颠皇家畜牲，他是北美事件的首恶之源；
英国王室并不神圣，因为据英伦三岛征服史记载，英王的始祖是某一伙不逞之徒中的作恶多端的魁首；
和解与毁灭密切相关，独立才是唯一的出路；
英国属于欧洲，北美属于它本身；
现在是分手的时候了；
独立之后，实行共和政体，让我们为宪章加冕，北美的法律就是国王；
推翻国王这一称号，把它分散给有权享受这种称号的人民；
只要我们能够把一个国家的专权形式，一个与众不同的独立的政体留给后代，花任何代价来换取都是便宜的。

《常识》一书一经出版，立刻在北美地区引起了轰动，很多人在读了这本书后其政治态度都发生了变化。《常识》一书还为之后的《独立宣言》(美国在独立战争和开国期间另一份重要文献)奠定了基础。

显然，《常识》一书是宣传自由独立的一部著作。习总书记提到这部书，可以看出习总书记是一个具有独立与自由情怀的人。

潘恩还有一些脍炙人口的名言，如：

"为了人类的幸福，一个人在思想上必须对自己保持忠诚，所谓不忠诚不在于相信或不相信，而在于口称相信自己实在不相信的东西。"
"思想上的谎言在社会里所产生的道德上的损害，是无法计算的，如果我可以这样说的话。当一个人已经腐化而侮辱了他的思想的纯洁，从而宣扬他自己所不相信的东西，他已经准备犯其他任何的罪行。"

潘恩是个思想家、理论家、革命家，"美利坚合众国"这个国家名称即出自于他。

3.关于梭罗

梭罗是19世纪美国的一个思想家、哲学家，一生崇拜自由、逍遥，反对政府，认为政府对民众的事务干预越少越好。梭罗和他的老师艾默生一起创立了美国的哲学一派——超验主义。

梭罗最重要的一本书是《瓦尔登湖》，是如今中国文青们的必读之物。在这本书里，梭罗描写了他在瓦尔登湖隐居两年的生活，打猎啊、砍柴啊、冬天下雪啊、夏天游泳啊等等，其实就是一本日记，宣传自由主义，宣传隐居生活，宣传逃离社会。

非常有可能的是，梭罗以及他的老师艾默生都受到了中国古代哲学家老子、庄子的影响，梭罗的书中也偶尔有老子、庄子的痕迹，且行文都有庄子的风格。但说实话，梭罗的《瓦尔登湖》比起老子的《道德经》和庄子的《南华经》其可读性要差多了，其哲学思辨力与文学趣味性都要大打折扣。

显然，梭罗是美国版的道家人物，习总书记提及此人，值得玩味思考。

4.关于华盛顿、林肯、罗斯福以及惠特曼、马克·吐温、杰克·伦敦

这是一些政治家和诗人、小说家，在美国的历史上都是比较正面的形象，他们的政治遗产与文学作品我们都比较熟悉了，可以飘过。

5.关于海明威和《老人与海》

海明威和他的《老人与海》也是我们再熟悉不过了。海明威本身是

个硬汉，他描写的老人也是个硬汉。习总书记两次到古巴都去海明威曾经到过的栈桥与酒吧，去点海明威喜欢喝的朗姆酒，去怀念这位硬汉，怀念这位有着诗人情怀的硬汉，非常显然，说明我们的习总书记也是具有诗人情怀的，是诗人情怀加硬汉作风。而且，不太引人注意的是，海明威除了是硬汉，还具有柔情，骨子里的柔情，从海明威的一系列作品中可以隐约看出这点，只是这柔情化作了一种符码隐藏在文字之中罢了。从习总书记提及海明威可以略微窥见他的内心世界，诗人往往心心相通。

好了，借习总书记访美的演讲谈谈他的价值观和内心情怀，虽有大不敬之嫌，但值此中秋佳节来临，写此文供大家玩味一乐吧。

注：写于2015年9月25日。

让我心动的两张照片

昨天看了东欧行的摄影展，感觉其实每幅作品都是很精彩的，都体现了拍摄者的审美情趣和匠心独运。但我感到，其中的两张照片更让我心动。

25号作品，雪山农舍（我的命名），看上去并没有太多值得啧啧称赞的地方，色彩、光线、构图、人物（其实一个人没有）等方面都不是很突出。但我觉得，拍摄者恐怕在拍摄的时候根本就没有把这些拍摄技法放在心上，而是更多地遵从内心，看到了一个喜欢的场景，想记录一下，举起相机就是了。所以，整幅画面倒显得淳朴自然、不事雕琢，而且关键的是，最后它隐隐约约地又确实地（这两个形容词有些矛盾啊！见谅）表达了拍摄者当时的心境和眼光。因为在一个不起眼的地方、很平庸的地方，能发现一景让自己心动的画面，这需要有不凡的眼光。当然，这幅作品如果在后期制作时再稍加处理（如明暗调子），可能会更有感染力。

餐馆里的小女孩（我忘了是几号作品）也是一幅不错的作品。开始的时候，我没有更多地关注它，可能主要是因为构图上有缺陷。后来听拍摄者讲了拍摄时的小故事，尽管这是个再平凡不过的小故事，但我还是被打动了。我再仔细端详这个小女孩，那回眸一笑，如此天真、善良、纯净，难道这不是我们所追求的最最根本的东西吗？难道这不是非常值得抓拍捕捉的一瞬间吗？是的，我越看越喜欢这张照片，而且我也能感到，照片的拍摄者心有所同。

这是我昨天参观这个摄影展后的一些感想。感谢小贾、园林李工对我的信任！

谨以此文献给艾奥尼克杯东欧游摄影展。祝艾奥尼克兴旺发达!

注:写于2016年3月13日。

阿狗改变了我的围棋观

小李与阿狗的人机大战落幕了！几天来，围棋与人工智能爱好者都目睹了这场惨烈的智力游戏之争。通过这场围棋人机大战，我突然发现，我的围棋观竟然也发生了变化。

①几年前，我曾写过一篇关于围棋的文章，其中提到围棋的步法有361阶乘这样大的数字，即便是世界上最快的计算机也要计算亿万万年，也就是说围棋的步法根本就无法靠计算机来计算，而只能靠人的经验和统筹考量来走棋。但阿狗的出现，将我的这一论断打破了，阿狗不但可以走棋，还可以赢世界冠军。阿狗是如何计算的？

看了近期几篇文章，很多谈到围棋步法的数量，有的说是3的361次方，有的说是10的几十次方，但我还是认为，理论上应该是361的阶乘，大约在10的700次方左右。这是个非常大的数字，据说比我们已知宇宙中的原子数量总和还要大（宇宙中可观测的所有原子个数大约是10的80次方）。

②围棋本是经验、感觉、美学、哲学与数学的游戏，其中有数学，但不全是。人类本来是不相信人工智能会在美学和哲学等领域领先于人类的，但此番人机大战让人类哑口无言了。尤其是第二局中，阿狗走出了第37手，让所有围棋顶尖高手惊讶，有说绝妙，有说根本就是臭棋，但事后分析，大家倾向于是一步好棋。第37手还处在布局阶段，阿狗走出了人类棋谱中从来没有见过的一步（布局阶段五路上落子），它是如何做到的？直接计算肯定是不可能，参考人类棋谱也不会，难道它会做模糊的大势分析或者说它具有美学与构图的本领吗？

③据说阿狗还是一条会"自主学习"的狗，假如它按照我们人类逐步提高智能的路径来走，但却是以比我们人类快得多的速度，它会超过我们人类吗？甚至在短期内（比如5年、10年）就超过我们人类吗？

④还有什么事情是人工智能机器做不了的？作曲、绘画、写诗、写小说？假如真有那么一天，人工智能可以做这些事儿了，甚至比人做得还好，人类该干些什么呢？醉生梦死、无所事事，然后走向灭亡？

⑤阿狗的出现让我们学习围棋的动力顿时消弱了大半。是啊，说什么人类最高智力游戏，无非是多背一些定式（据说3000年下来，围棋共产生了十几万个定式）和手筋罢了，谁背得多，谁就赢，这和智力没什么大关系吧。阿狗可以迅速查找定式，别说十几万条，就是再多，也难不住它啊（当然远远不是361阶乘这个量级），而局部的战斗靠手筋计算，这个当然阿狗就更优越于人类了，它永远不会出错。人类怎可能做到永远不出错呢？

呜呼，我的围棋观真的要修正了。

注：写于2016年3月16日。

"学习贯彻五大发展理念"专题研讨班学习体会

2016年4月11—15日，我参加了"五大发展理念"专题研讨班，通过此次专题研讨的学习，自然又是收获不小，也有一些思考。

"五大发展理念"是创新、协调、绿色、开放和共享，这是一组很全面、很正能量、具有超前意识的发展理念，是指导我们今后一段工作的总方针。我是一名城市规划工作者，下面结合自己的工作以及前不久出台的《中共中央国务院关于进一步加强城市规划建设管理工作的若干意见》（下简称《意见》）谈一些认识。

1．先来谈谈第一条认识，即《意见》也体现了"五大发展理念"
在这个《意见》中，提出了八个字的建筑方针，即"适用、经济、绿色、美观"。这八个字比起过去的六字方针（适用、经济、美观）多出了两个字，即"绿色"。这样的一个方针符合国际潮流，符合当代建筑发展的需求，符合人类发展的需要。

若干年前，英国的一些学者曾提出了"一个地球"的理念。所谓"一个地球"的理念有两个含义：

第一个含义是：根据计算，对于整个地球及人类来说，较为合理和可持续的人地关系为，每个地球人需要1.8公顷的土地来支撑以提供资源和处理废物，如果全世界的人都按照现在西欧人的耗能标准生活的话，则将需要三个地球来支撑我们人类。所以，我们必须要有节制地生活。

第二个含义是：我们都生活在一个地球村里，大家应该互相帮助，帮助别人实现低碳、减排，就是在帮助地球，就是在帮助自己。例如，北欧的一些国家靠焚烧垃圾来发电已经很有成效，而且自己国家的垃圾都已经烧完，还要花钱从其他国家进口垃圾来焚烧，以帮助其他国家来达到减排、低耗的目标。

在英国，尽管这个"一个地球"的理念还没有普及到全民，但一些知识分子、建筑师、开发商及一些学术机构都已经对此非常重视，并身体力行地去摸索、去实践。经计算，英国目前人均耗能量换算成人地关系大约是7公顷左右，而我们中国目前人均耗能量换算成人地关系则超过了2公顷。尽管我们比英国要低很多，但我们也还要努力去减少耗能，实现减排、低碳，为"一个地球"的理念做出贡献。

如今，中央在建筑方针里提出了"绿色"这个理念，就是号召全社会要重视这个事情，要把节能减排、低碳环保放在一个比较重要的位置。这样，不光是对我们中国好，而且是对整个世界好，这一理念的提出表示出我们的党和政府具有宽阔的胸襟和长远的眼光。

2. 再来谈谈城市规划的法律性及公众参与

在这个《意见》中，中央提出要"依法制定城市规划"，要"严格依法执行规划"，还用了一句"一张蓝图干到底"，这些都强调了规划的严肃性和持续性，而不是一任长官一个规划，今天建，明天拆，长官意志左右城市规划的前瞻性和科学性。

《意见》中还提到"全面推行城市规划委员会制度"、"完善社会参与机制"，这说明我们现在对公众意见越来越重视，对公众参与的社会管理越来越重视。所谓"规划委员会制度"并不是我们今天的由政府主导的管理机构，而是一个由社会各界人士组成的对城市规划管理进行监督审查的议事决策机构，这个制度充分肯定了社会公众对城市规划的知情权和管理权，并把这些权利程序化、制度化、法律化。就我所知，目前在我国，只有深圳这个城市拥有这个意义的"城市规划委员会"，而其他城市还都没有。此次中央文件明确提到这个机构，显然要加大力度推进其构架。

这里有一个问题还需要探讨。我认为，城市规划的严肃性与持续性、一张蓝图干到底并不是说城市规划就是一成不变的，不可以做任何修改。城市规划不是神，也要与时俱进在实践中不断修正完善的，这样才能服务于社会真正发挥作用。但这个修正完善一定要经过法定的程序才可，而非某个人的主观意志。同样，公众参与也不是说不要程序，任由大家各表己见，结果议论纷纷、久议不决，而是一切都纳入法定的程序当中，既充分反映公众的意见，又可以按照程序进行决策，以保证社会有效运转和管理。

总之，《意见》强调了依法编制规划、依法执行规划、公众参与城市规划，是一个非常好的指导方针，反映了我们城市规划师多年来的诉求和社会管理的大方向。

3. 谈谈对所谓"开放街区"的看法

《意见》指出，"加强街区的规划和建设，分梯级明确新建街区面积，推动发展开放便捷、尺度事宜、配套完善、邻里和谐的生活街区。新建住宅要推广街区制，原则上不再建设封闭住宅小区。已建成的住宅小区和单位大院要逐步打开，实现内部道路公共化，解决交通路网布局问题，促进土地节约利用。树立'窄马路，密路网'的城市道路布局理念，建设快速路、主次干路和支路级配合理的道路网系统。"

这条意见出来后，立即在社会上引起了很大反响，坊间议论纷纷。我认为，中央的一个文件出来后，能够引起社会的反响是很好的事情，说明社会对文件的重视。假如一个文件出台后，社会上没有一点反应倒是不妙的，那样只能说明该文件与社会脱节，所谈所论之事根本不涉及百姓实际生活。

我认为，这条意见对北京尤其意义重大。北京由于历史的原因（近60年的历史）建了很多"大院"，这些"大院"占地巨大，自成格局，城市道路无法穿越，对城市的合理发展起到了阻碍作用。我们的城市规划方案（总体规划方案和详细规划方案）曾多次主张让这些"大院"打开封闭院落，以使城市的道路网密一些，使城市的交通能够贯通起来、循环起来，然而多少年过去了都没有非常奏效。此次中央的这个文件无疑给了我们的工作一个尚方宝剑，在这方面，我们将更加有底气、有依据。

除了"大院"，一些规模过大的居住区也应该要开通城市道路，目的当然是为了城市的整体利益。当然，已经建成的居住区要开通城市路应该慎重，因为这牵涉到了部分居民的切身利益。所以，我认为，对于已经建成的居住区，如若在其中开通城市道路，需要本着协调与共享的理念，充分协商、合理补偿、有利整体、利益共享，只有这样，才能把这个所谓"开放街区"的工作做扎实，做到有利于整体，而且局部也可分享整体的利益，有法律依据，而不是有权就可以任性。

4．谈谈对"协调"的看法

"协调"是城市规划工作中一个永远也绕不开的话题。城市规划本身就是利益分配，而利益分配就必须要协调各利益方的主体。公众参与就是协调的一个具体做法。

但"协调"不是简单的就事论事、一事一议，更不是利益分配的执行者掌握巨大的"自由裁量权"在"协调"的名义下随心所欲。哪怕这个随心所欲是出于公心，这种依靠权力的"协调"也是危险的，因为它是不受约束的权力，是一旦有机会就会害人的权力。

我认为，"协调"应该是而且必须是在一定规则下的"协调"，因为只有这样，才能既保证涉事利益各方都能比较顺心满意，又符合游戏规则，让"协调"有章可循、可持续发展。

总之，我认为，在城市规划工作中以及其他的工作中，"协调"是必须的而且可能是常态的，但"协调"绝不是逃避规则，而是在一定规则指导下的"协调"。

总之，我觉得《中共中央国务院关于进一步加强城市规划建设管理工作的若干意见》这个文件是个非常不错的文件，它是在今后一段时间内指导我们城市规划工作的一个总方针。借学习"五大发展理念"的机会，把自己对这个中央文件的学习体会简单谈一谈，供领导和同事们参考，也敬请批评指正。

注：写于2016年4月20日。

回答一个幼儿园小朋友的两个问题

DZh小朋友：

我听你妈妈说，前几天你突然问起两个特别有意思的关于语言的问题，而且这两个问题不光有意思，还颇有深度和难度，着实让大人们费尽思量。你妈妈给我微信，希望我能提供帮助，所以，我就努力尝试，看是否能回答好你提出的这两个问题。

你提出的两个问题是这样的：①为什么每个国家都有语言，而这些语言还都不一样呢？②既然每个国家的语言都不一样，那为什么"妈妈"这个词的发音在中文和英语中又是一样的呢？

好吧，那我就尝试着来回答这两个问题。

1. 为什么每个国家都有语言，而这些语言还都不一样呢？
自古以来，人类就居住在地球的不同地方，这些地方就好比是一个个的小村庄，有些距离比较近，有些则距离很远很远。

当人类发展到了一定阶段时，学会了用口腔发音来表达自己的思想，这时人类便产生了语言。

居住在同一个村庄里的人因为每天都见面说话，久而久之，他们的语言便趋向一致起来。

比如在甲村，人们见到天上有一个火球，便说"太阳"，看见天上掉下水，便说"雨"。所以，在这个村庄里，只要你说"太阳"或"雨"，甲村里的人都明白。

而在距离较远的另外一个A村里，由于历史的、地理的、人种的原因，由于人对自然有不同认识的原因，还由于其他很多原因，人们却把天上的火球叫"sun"，把天上掉下的水叫"rain"，只要你说"sun"和"rain"，A村里的人也都明白。

后来，甲村强大起来，把它邻近的乙村、丙村、丁村都统一了，并规定采用原先甲村的语言来交流，也就是说用"太阳"来指天上的火球，用"雨"来指天上掉下的水。尽管乙村、丙村、丁村原先也有自己的语言，但由于甲村强大，便服从甲村了。再后来，甲乙丙丁四个村发展成了一个国家，其语言就是原先甲村的语言。当然这个语言也多多少少地受到了乙丙丁三村原先语言的一些影响，只不过，它的主干是原先甲村的语言。

与甲村强大并统一周边的同时，遥远的A村也强大起来，把与它邻近的B、C、D三村也统一了并成为一个国家，并规定这个国家采用A村的语言。

于是，当我们人类发展到今天时，就如你所看到的这样，每个国家都有自己的语言了，而且差别比较大，这边说"太阳"，那边却说"sun"，但其实指的都是一个事情。

2. 既然每个国家的语言都不一样，那为什么"妈妈"这个词的发音在中文和英语中又是一样的呢？

这是因为当人出生后还是婴儿时，他们最贴近的人、最需要的人是"妈妈"，而婴儿最容易发出的声音又是"mama"，所以，"mama"就和"妈妈"结合了。全世界各地的人或各个人种的人，其基本特性是一样的，所以，全世界很多地区的人也就都把"妈妈"叫成"mama"。这不是人为规定的后天学会的语言，而是人类自身的天性使然。

DZh，你问的这两个问题是非常有意思的问题，我对它们也非常感兴趣。但我的学识有限，只能对你的问题做以上简单的回答。你如果还有兴趣对这些问题做更深层次的探讨，那就从现在起好好学习，将来长大后成为一个历史学家、社会学家、语言学家或人类学家，那么你一定会在这方面有更多的研究和见解了。

谢谢DZh，希望我们以后常联系。

麦修

2016年4月22日星期五

再答幼儿园小朋友的问题

DZh小朋友：你好！

上次我为你提出的两个关于语言的问题写了一封信，你妈妈给你念了后，你说听懂了，我很高兴。很快，你又提出了一个问题："为什么世界上很多字发音都一样，但字却是不一样的呢？"

你的这个问题确实更难了，我无法直接回答。这几天，我翻阅了很多资料后才大致有了一个比较满意的答案，下面我就把答案告诉你。

问题："为什么世界上很多字发音都一样，但字却是不一样的呢？"

这是因为我们人类通过口腔发出的音素有限，也就是说，我们的口腔能发出不同声音的数量是有限的。什么是不同的声音？"李"和"王"就是不同的声音。什么是相同的声音呢？"李"和"里"就是相同的声音。现在我们中国人讲的普通话中，里面不同的声音大约只有1000多个左右（含四声的区别），可是，我们要通过语音表达的事情却是成千上万个，甚至是十万百万个，甚至更多。事情很多，但声音又不够用，怎么办呢？于是，就出现了用同一个声音表达不同事情的情况。

下面，我举一个例子。我们看见草地上跑的一个动物，浑身白毛，头上长着角，叫起来咩咩的，我们就把这种动物叫做"yang"，写成"羊"。后来，我们又看见在遥远的地方，有一大片望不到边际的水面，我们也想给它起个名字，可是起个什么名字呢？叫"zhu"、"gou"、"niu"、"ma"，似乎都不行，都跟别的动物名字重了。于是，我们就问住在水边的人，问他们怎么称呼这片水面。水边的人说，他们管这片水叫"yang"。哦！也是"yang"，和那个动物"羊"重音了！但没有办法，我们人类只能发出这些声音，没有再多了，于是，我们只好随水边的人也称呼这片水叫"yang"了。这似乎有点乱，是的，是有点乱。但我们人类想出一个稍加弥补的办法，那就是在文字上做些修改，以使两个"yang"区别开来。于是，我们就在原先动物的那个"羊"旁边加上了三点水，即"洋"来表示一大片水面。这也就是你现在看到的"字不一样但发音却一样"的缘由。

那么现在，当你用嘴说"yang"时，你的爸爸妈妈就容易糊涂，不明白你是说那个动物呢，还是说那片水。而你写出文字来，你爸爸妈妈就很容易懂了，你写"羊"，他们就知道是动物，你写"洋"，他们就知道是水面。

类似的情况在其他语言中也有出现。如英语中的flower和flour这两个词发音完全一样，但前者指花，后者指面粉。你如果不写出来，光是靠嘴来发音，同样，你的爸爸妈妈是不明白的，别人也不明白。

造成这个问题的最根本的原因就是，人类口腔能发出的不同音的数量太少，而要表达的事物又太多，所以人类就常常用同样的声音来表达不同的事情，而相应一个事物的文字则是可以随人的意愿进行创造和修改的，例如添加个偏旁部首等。所以，就出现了很多字写起来不一样，但发音却相同的现象。

谢谢DZh小朋友，希望我的回答仍然能让你听懂并满意。我很高兴能和你这样喜欢学习、喜欢钻研的孩子交流。你也可以对我的回答提出意见，或者你有什么新的问题，我仍然非常高兴来做回答。

麦修

2016年4月25日星期一

我来设计一个结尾

近日看了一部20世纪50年代的老电影，《控方证人》，属于悬疑犯罪片一类，原著是阿嘉莎·克莉丝蒂，著名的侦探小说作家。没有看过原著，只好针对电影说事儿。

电影的最大特点是结尾处的剧情反转及再反转，让观众颇感意外后很快又一个意外，然后观众带着满意（其实是被欺骗）且稍有回味的心情离开电影院，于是繁忙的一天在消遣娱乐还有点小刺激中结束了。然而，这个电影于我却是更多的思索，我就像那个老律师韦菲爵士一样，案子完了，却总觉得哪里不对劲。哪里呢？

静静地想一想，整个案件反转得是否太蹊跷了？反转得也太出人意料了！为什么会出人意料呢？可能是很多细节都不让人踏实，都有进一步推敲的余地。比如：

结尾的两个反转都是当事人自己讲述的或坦白的，而不是靠证据或推理或故事的进展而得出的结论，显得技术含量不够，也让这个主打推理的故事在这里失去了色彩；

凶犯沃尔的妻子装扮妓女向律师韦菲爵士兜售假情书的桥段实在不可思议。韦菲爵士不至于这样弱智吧，一个当事人的妻子不久前还和自己当面谈话，自己用那个煞有介事的小眼镜还照了对方半天，法庭上还唇枪舌剑你来我往，此时竟然会认不出虽经过乔装打扮但近在咫尺的同一人，大律师韦菲爵士的智商不会如此低下吧；

律师韦菲爵士接到情书，不细究来由，不核实，即拿到法庭当证据，这种做法实在有些冒失，绝对贬低了即便是一个普通律师都应该具有的基本职业素养，更何况对一个身经百战的出庭律师来说，这种做法几乎是匪夷所思了。控方在听到所谓情书的证据后，连看都不看，过一下手就认可，这也是不合情理的事情。法庭上，尤其是刑事法庭上，你死我活的事情，控方不会不深究情书来源的，也会要细究情书的对象是何人，所以这个情书的情节已经不像法庭了，像过家家；

凶手作案时不加掩饰，穿和平时一样的衣服，此处不合常理；

凶手的血型和被害人一样，太过巧合；

凶手本是善良的人，曾搭救受欺负的少女，后来为了钱杀人，还是一个对自己很好的人，人性变化之大，不可思议；

凶手妻子本是良家妇女，又有才华，竟然和丈夫合谋犯法，如何演变，不可思议；

小三和丈夫打得火热，已经发展到谋财害命的程度，妻子竟然一点没察觉，还说深爱丈夫，此处不合常理；

妻子如果是出色的演员，一定会有不错的职业、不错的收入，不会陷丈夫于谋财害命之境地的，因为妻子非常爱丈夫啊，此处也不合常理；

影片中的被害人，即富婆，改遗嘱、立遗嘱，通常会有律师或公证人在场，受益人也通常会在场的，因为要表达爱意嘛。富婆的女仆对富婆曾经立遗嘱给她留下很多钱一事都是知道的啊，到了凶手这里就不让他知道遗嘱的事说不过去，所以凶手在法庭上说对遗嘱一事毫不知情应该站不住脚；

凶手妻子最后用刀子刺杀凶手，这刀子是哪里的，物证吗？法庭宣判完了，物证还留在桌子上，这是什么法庭？况且宣判之日已不是法庭辩论之日，刀子这个物证应该不会出现了吧；

……

是的，还有很多，当然有些是艺术处理方面的瑕疵，如小三在结尾的出现就破坏了这个电影的完整性。就像前几年的一个中国谍战片，几个人关在屋子里想法往外送情报，结果却是结尾出现了一个护士把情报取走，把整个一屋子人多少天的斗智斗勇全毁掉了，这个护士就破坏了整个电影。

是的，还有很多不尽如人意的地方，尤其是电影最津津乐道的结尾。

电影不是戏剧，电影不需要局限在一个时间段里和一个空间内展现故事。《控方证人》的前大半部分剧情也都是在往昔和现在之间，在法庭、家中、街道、电影院和酒吧之间游走，但为什么却要在影片最后的10分钟里、在案件宣判之后的法庭里上演两幕剧情反转呢？显然，导演要让观众大跌眼镜，要让观众饱受意外之惊。但如此处理后，也就有些违背常理啊，因为得逞后的夫妻二人应该是回家偷着乐才对，那个涉事的小三也应该是隔岸观火、静候两天才是啊。

太想让观众饱受意外之惊的桥段未必是好的桥段。我想我也来设计一下结尾的这个桥段吧。

法庭审判，陪审团宣布嫌疑人沃尔（即杀人凶手）无罪，于是，沃尔当庭被释放回家。其妻因为作伪证在众人的嘲笑和谩骂中仓皇逃走。

老律师韦菲爵士又完成一件案子，回家休息，但总觉得有些蹊跷，又说不出哪里不对，一夜耿耿于怀。

第二天一早，女佣拿来早报让韦菲爵士看，韦菲以为是检察院控告沃尔妻子作伪证的事情，但却是前一晚沃尔夫妻二人为庆祝无罪释放在一个酒吧里搞庆祝party的新闻，还有照片。女佣愤愤然：这个女人作伪证诬陷丈夫，还有脸和丈夫开party。韦菲答道：沃尔是好人，心胸开阔，他爱他的妻子，他可能已经原谅了他妻子的过错。

韦菲说着拿过报纸，看到照片，沃尔夫妻二人正在一个酒吧里嗨皮，喝酒狂笑，周围还有一些人，可能都是他们的朋友。韦菲看到在沃尔妻子身旁有一个女人也在笑，笑得很开心。那女人有些面熟啊，在哪里见过的。突然，韦菲想起来了，就是那个脸上有疤痕，在酒馆里向他兜售沃尔妻子情书的那个所谓的妓女（此处引进第三者而非凶手妻子一人乔装打扮使得故事更加现实）。

韦菲的眼睛发直要突出眼眶，胸口发紧。女佣赶紧上前劝他服药，韦菲一把推开女佣，大吼一声，我上当了！！！

这样的反转结尾是否好一些呢？我自己觉得好一些。但还有再反转呢？哈哈！再说吧。

注：写于2016年5月1日，修改于2016年5月4日。

"北西2"的两处二

"北西2"口碑还不错,一个感人的爱情故事。但我还是忍不住要吐槽有二。

一二

故事发生在香港回归之后的二十年,也就是今年或明年,当全球人都在使用微信、推特、脸书的时候,故事中的男女二人虽然手持手机(看样子也是智能手机吧),却从不使用这些社交通信工具,也不用微博、email、msn,甚至连手机上最常用的功能(傻瓜手机也有这个功能吧)短信也不用,甚至甚至二人各持一个高档手机,但就是不通话不通话不通话。情到深处人痴迷,这二人真够痴迷的,痴迷得智商低到难以想象,原因就是导演要他们写信写信再写信,因为只有这个最原始的通信方式才最浪漫、才日思夜想、才你找不到我我找不到你、才擦肩而过险成终身恨、才有需要通过城市大屏幕找人、才有最后相逢喜极而泣。

二二

女主角汤唯的性格也是有些二,高中没毕业,15岁起在赌场打拼,举刀子找仇人报仇,生活堪忧,当家教连"白日依山尽"都懒得念,然而却能花大量时间写信,而且每信都小资调调、缠绵悱恻,"教授"、"教授"一个劲儿地叫,这得需要多大的定力才能练就如此的人格分二啊!

故事至假情至深,真是服了编剧和导演了!

我觉得,要不就演古代,牛车马车慢得很,写一封信要半年才收到,急死人，要不就演未来，想怎样就怎样，读脑术、时空穿越也是有可能的，省去多少相思猜想之苦，要不就老老实实地演现在，该用微信用微信，该打电话打电话。不然，如"北西2"这样的故事，好像挺感人，但却建立在这样的yy之上，觉得真有些二。

注：写于2016年5月9日。

就法律问题再谈《控方证人》

上次谈了《控方证人》中的几处不合情理处，今天有空再谈谈其中的法律问题。

电影中，凶手和妻子合谋提供伪证，骗过陪审团和律师，侥幸被判无罪。之后，夫妻二人在法庭即嘲笑律师和法庭，认为自己可以从此逍遥法外，拿走被害人的财产。可以这样吗？法律真的就这么无能而让这两个人渣得逞吗？

我们先回顾一下古今中外的历史，有谁能记起一个案例，说某某杀人犯在侥幸逃脱审判后，居然还得意忘形，公开宣称自己就是凶手，嘲笑法律管不了自己，然后自己逍遥后半生。有这样的事情发生过吗？古—今—中—外，有吗？现实世界里不曾有过这样的事情，除非在电影里。

我们再回顾一下美国著名的辛普森杀妻案。辛普森当时有重大嫌疑，但经过法庭审理，最后陪审团认为其杀人罪不成立。不管辛普森是否真的杀了人，他敢在公开场合说自己就是杀人犯，审判之后他就可以无所顾忌了，或者到处炫耀他的骗术吗？不敢。尽管美国宪法明文规定，一个公民不可因一项指控被审判两次，但法律还是有办法的。辛普森虽然逃过了杀人指控，但他仍然受到民事控告，最后是以监护不力的罪名被判重罚。电影中的凶手若是炫耀自己骗过法庭，他能逃过以其他罪名的控告吗？即便他能逃过杀人罪，但他能得到遗产吗？其实，电影中已经说了，伪证罪，要重判的，可能要比过失杀人罪判的还要重。从这点说，电影有些自相矛盾。

你们会说，你说的是美国啊，可这个故事讲的是英国的事情。

好吧，就说英国。

英国普遍采用的法律叫普通法，法庭审理程序大致如电影所描述。英国历史上还有一种法律叫衡平法，什么时候用衡平法呢？就是当普通法不能公正地解决问题的时候。如电影中这个案件，当凶手逃过了普通法的制裁的时候，而且非常明显地证明（甚至不是很明显的时候也可以）这是不公正的时候，控方可以告到衡平法庭，再审理。电影中这个案子，法庭、陪审团和律师都被骗了，骗子自己都承认了，衡平法庭会做出正义的裁决的。如果衡平法庭的裁决与普通法庭的裁决相矛盾的话，英国法律体系规定，以衡平法庭为上。英国法律中还有一句名言，"上帝是傻子的保护者。"也就是说，法律绝不会让正义失败。

英国的衡平法庭于19世纪末与普通法庭合并，没有了，而电影的故事发生在20世纪40年代。这能说，电影的时候凶手就可以逃脱了吗？不会的。英国是个案例法法律体系国家，控方只要援引历史上类似的进一步指控案例，就可以再控凶手。而且，电影中说了，要告妻子伪证罪的。妻子犯罪，同谋的丈夫能跑掉吗？想想就知道了。妻子和丈夫合谋犯罪，丈夫能拿着被害人的遗产与小三去希腊、去马代、去班芙、去夏威夷、去阿拉斯加旅游吗？想想就知道了。

哈哈，随便写写。祝周末愉快！旅游愉快！

注：写于2016年5月16日。

关于规划价值观的讨论

关于规划价值观的问题，我觉得是个大问题。能否化用古人的话，用八个字来概括，即："道求精微，心执允中"。

所谓"道求精微"，就是要有工匠精神，仔细、严密、对职业负责，这个大家很容易理解。

所谓"心执允中"，就是要公平、公正。这里的"允"是公允、允当的意思，"中"是中正、持平的意思。遵守规则就是最好的允中，因为事先的规则不针对后来具体的人和事，少了偏见和先入为主，则带有理想性、正义性、自然性和神圣性。

就说这些，供大家讨论。

注：写于2016年7月8日。

昨天演讲点评

昨天，院里组织青年工程师们进行演讲比赛，期间让我点评几句，遂发言，现根据回忆记录一下。

一

有位同志在演讲中说"不要给年轻人讲经验，不要给外行人讲专业"，我比较同意这个观点。但演讲中讲什么呢？我认为应该讲事实、理念、逻辑，而这些事实、理念、逻辑都不是特别容易被人发现的，但却是很容易理解的。

容易被人理解的道理才是大道理、好道理。

至于演讲题目的"大"或"小"，似乎倒并不重要。小题目可以讲大道理，大题目可以讲小道理，总之，要讲通俗易懂的道理。

二

演讲中有一个问题很重要，就是演讲者如何对待听众。有两个态度可以选择。

一是认为听众什么都不懂，演讲者需要从最基本的概念讲起，掰开揉碎，然后讲出一个道理。

二是认为听众已经什么都懂了，演讲者自可以山南海北、古今中外、天马行空、任意发挥，而不管听众能不能跟得上。

现实是，这两种极端情况不常存在，但需要演讲者有这样的境界。

三

如何表达也是一个很重要的问题，我认为有四个原则可以把握。

①尽量短；

②有趣味；

③口语化；

④准确性。这个准确性最重要，以至于可以忽略前面三个原则，或者说，准确性就已经涵盖了前面三个原则（如何涵盖的，以后再详细解释）。

注：写于2016年7月26日。

关于汉语拼音的一些讨论

同事来微信，说起家中小儿刚上小学，即开始学汉语拼音与英语，两者都用拉丁字母，但发音却相去甚远，有些恐慌，怕自家小儿混淆。又说台湾儿童用的是另外一种拼音，用的是很像汉字偏旁部首的一种符号，新华字典中可以看到的。同事与我讨论此事，我也就开始找一些资料，以求自己多掌握一些知识。

记得自己多年前的一本书《天边已发亮》中曾有过对汉字拼音化过程的描述，现抄录如下：

汉字以象形、写意为主，也兼有形声，所以，中国俗语说"秀才认字认半边"，这"半边"就是那形声的"半边"，认得了这形声的"半边"，这个字就念出声来了。

但是，不是所有的汉字都能靠认"半边"而念出声来的。许慎的"六书"中，形声只是其一啊。况且，这形声的"半边"也不一定能让人十分准确地念出一个汉字，它只是告诉人们一个汉字的发音和这个"半边"的发音近似而已。

汉字不是字母文字，不是拼音文字，所以，几千年来，如何让人们准确认识一个汉字，既领会其意，又明确其音，成了一道久攻不克的难题。古时候，中国人用"直音法"和"反切法"来为汉字注音。

如："蛊"字用"古"字直接标音，"毕"字用"必"字直接标音，是为直音法。此法盛行于汉代。

如："红"字用"胡"和"笼"两字来标音，取前字的声，取后字的韵和调，是为反切法。此法盛行于唐宋时代。

不言而喻，"直音法"和"反切法"都有局限性。

公元16世纪末17世纪初时，两个在中国工作的欧洲人——意大利传教士利玛窦和法国传教士金尼阁开始用音素字母来给汉字注音。这是最早的汉语拼音方案，人称"利—金方案"。

清末民初时，很多中国的知识分子在看到中国在经济、政治、军事等方面远远落后于欧洲、美国、日本等西方国家时，便将汉字视为罪魁祸首，认为是这个不会发音、不争气的汉字导致了中国的落后。于是，汉字拼音化运动一时甚嚣尘上。

在这场希望靠汉字拼音化而振兴国力的运动中，有两位身体力行者很有影响，他们的名字是卢戆章、王照。

除去这二人，其实，很多大腕都是他们的思想和理论后盾，如康有为、梁启超、谭嗣同等。这几位思想文化大腕也认为，中国要强盛，必欲先拿汉字开刀。

"五四运动"前后，更有不少知识分子提出"汉字革命"口号，主张废除方块汉字，将传统的汉字改为拼音文字，而这拼音的字母或采用拉丁字母，或采用以汉字的偏旁部首演变而成的字母。

文化大腕钱玄同提出"废孔学、废汉字"，认为汉字和孔孟之道都是阻碍中国发展的绊脚石。

文化巨腕鲁迅更是革命心切、言辞激烈，提出"汉字不灭，中国必亡"。公元1934年8月，鲁迅在《汉字和拉丁化》一文中写道："不错，汉字是古代传下来的宝贝，但我们的祖先，比汉字还要古，所以我们更是古代传下来的宝贝。为汉字而牺牲我们，还是为我们而牺牲汉字呢？这是只要还没有丧心病狂的人，都能够马上回答的。"同年12月，鲁迅在《关于新文字》一文中进而表示："方块字真是愚民政策的利器……汉字也是中国劳苦大众身上的一个结核，病菌都潜伏在里面，倘不首先除去它，结果只有自己死。"

现在看来，清末民初及"五四运动"前后的这些文化思想者们在对于汉字的认识上不免失之偏颇甚至过激，但他们反对传统、意欲强国的心愿是可以理解的，而且客观上，他们的理论和实践对于汉字后来的改革起到了一定的积极作用。

公元1958年，中华人民共和国政府公布汉语拼音方案，决定采用拉丁字母来拼写汉语。公元1982年，国际标准化组织承认"汉语拼音"为拼写汉语的国际标准。至此，汉字终于也有了一个既不同父、也不同母的拉丁兄弟，汉语也终于可以在世界舞台上同时以汉字和拼音两种方式来书写了。

这段描述基本上将汉字拼音化的过程写清楚了，只是其中提到两个人却一带而过，即卢戆章、王照。忘记了写书的时候是从哪里看到这两个人的资料，于是上网查看，虽然不是很详细，但还好，大致可以了解这二人的简历。

卢戆章，福建同安人，清末学者，生于1854年，卒于1928年。他曾创制汉字的拼音方案，为中国文字改革的先驱。据资料介绍，卢戆章所创制的拼音方案一共有三套，一为采用拉丁字母的方案，二为采用日语假名的方案，三为汉字笔画方案。卢戆章认为，汉字是发展的，其趋势是趋易避难，而拼音文字的优点就是易认、易懂、易写。他认为推行拼音方案可以统一语言、以结团体，可以节省国人学习汉字的时间，从而普及教育、以求强国。为此，他写了一本书《一目了然初阶》来宣传他的主张。由于卢戆章的贡献，他被国人称为"现代汉语拼音之父"。现在，在厦门的鼓浪屿有一条名为"拼音路"的小路，小路一端竖有一座塑像，即为卢戆章。2015年，中国曾拍有一部电视短片介绍卢戆章的事迹，片名为《爱在鼓浪屿，拼音之父卢戆章》。

王照，直隶宁河县（今属天津市）人，生于1859年，卒于1933年。王照也是近代拼音文字的提倡者，他在日本学习期间，受日文假名的启发，采用汉字偏旁或字体的一部分，制订了一种汉字拼音方案，名为"官话合声字母"，并于1901年在日本出版书籍介绍该方案。有人认为这是我国第一套汉字笔画式的拼音文字方案，其中包括声母、韵母共62个，采用声韵双拼的方法对汉字进行拼音。王照强调该方案以北京语音为拼写对象，并力求简易好用。他希望通过官话字母的传习，使民众得以普及教育，使国家得以强大发展。由于"官话合声字母"的拼音方案具有不少优点，各地又有"官话字母义塾""简字学堂"等传习机构的大力宣传，加之在推行中又得到上层社会名流（如严修、吴汝纶、张百熙、袁世凯等）的支持，因此这个拼音方案推行速度快且声势浩大，前后共推行十年，遍及13个省，是当时"切音字运动"（即汉字拼音运动）诸方案中影响最大推行最广的一种。王照也曾参与政治运动，如曾参与百日维新，劝康有为循序渐进，但被康有为拒绝。

由以上的介绍可以看出，卢、王二人几乎是同时代人，而他们的汉字拼音方案也几乎一样，而且也都是受到拉丁字母或日文假名的启发和影响，所以可以说，他们都是汉字拼音之父。现在台湾地区仍然采用的拼音方案应该就是以偏旁部首或汉字笔画为特征的符号系统，而我们大陆则是采用拉丁字母了。

关于小孩子在小学阶段，同时学习汉语拼音和英语，会不会造成混淆的问题，我是这样认为，小孩子同时学英语与汉语拼音并不会产生障碍，因为成年人往往会低估小孩子的理解能力，况且这个并不是逻辑推理的东西，而是告知、听之、认知的事情，小孩子会记住的。就算记不住也不是什么大事情，就好比你告诉他糖是白色的，味道甜，盐也是白色的，但味道咸，他可能会暂时忘记糖和盐的叫法，但随着时间的推移，他会印化在脑海中的。西方人如果同时学英语和法语，也会遇到同样情况，同一个字母a，却有两种发音，英语读ei，法语读a，这似乎并没有对西方人产生多大困惑。对于拉丁字母在英语和汉语拼音中的不同发音，中国的小孩子应该也会记住的。

注：写于2016年9月14日。

三个英文单词

前段时间和同事谈旧城更新改造和公众参与问题，期间也找了一些国外的案例来参考。在参考国外案例的时候，发现了几个英文单词，Commission、Committee和Council，这三个英文单词都有"委员会"的意思，但它们的区别在哪里呢？我们该如何用呢？我和同事们打电话请教其他的同事，又查了百度和词霸，但仍不得要领。这时，我想到了我在美国学习时的英语老师玛丽，于是写了封邮件向她咨询。玛丽老师涉猎广泛、知识渊博，在当时拥有众多刁钻古怪的中国学生圈里也号称百问不倒，即便偶尔遇到很偏僻的问题时，玛丽老师也是答应下次课上告诉答案而且必定兑现诺言。

给玛丽老师的邮件发出后不几天，玛丽老师就回信了。信很长，但开篇就说我给她出了个难题。玛丽说，这三个单词是近义词，在表达"委员会"这个概念时含义非常接近，几乎可以通用，但仍有一些细小的差别。这差别是什么呢？玛丽老师详述如后：

COMMISSION
Commission多半有官方色彩，即由政府创建的一个机构，而且他们通常有特定的任务。Commission的任期有可能是无限期的，也有可能是期限的，期满即解散，但无论如何，Commission要定期向其上级单位报告。Commission的上级也就是创建这个Commission的部门，包括国际机构、美国政府、市政府、总统、州长、宗教团体和企业。

举几个例子，比如：The Commission on the Status of Women（妇女地位委员会）、The Commission on Sustainable Development（可持续发展委员会）、The Commission on Narcotic Drugs（麻醉药委员会）等。

The Commission on Aging of the United Nations（联合国老年问题委员会）致力于研究老年问题，比如老年人人数、老年人收入、老年疾病、老年人死亡率、老年住宅问题、老年医疗保险问题等。这个委员会的职责还是很宽泛的，他们肯定要如期地向联合国汇报工作并且和世界上其他一些机构分享他们的数据和经验。

在明尼苏达州，我们的很多县都是由选举出来的Board of Commissioners来管理，比如当时我所居住的Ramsey县，其管理机构就叫Ramsey County Board of Commissioners，职责范围涉及人口、学校、空港、道路、排水、基础设施、城市规划、县际协调和城际协调等。这个管理机构具有法律地位，他们有权征税，我们的财产税中有一部分就是交给他们用于公共服务设施。

COMMITTEE

Committee指的是由志愿者或被任命者组成的委员会，而且经常包含有团体会员。US–China Peoples Friendship Association（美中人民友好协会）就下设很多的Committee，分管会员资格、项目、任命事宜。这些Committee的主席当然都是会员，但下面干事情的往往都是志愿者。这些志愿者有的是会员，有的则不是。这些Committee可以由普通群众组成，也可以由一些实体机构组成，他们不一定是常设机构，但他们可以集资、制定政策并采取行动。Committee也可以是咨询性的，但如果是咨询性的，则不能集资或行使权力。

美中友协明州分会下设一个The Shanxi Committee（陕西委员会），成员都是志愿者，他们致力于美国明州和中国陕西省的友好交往，他们可以寻找机会、汇集资源、拓展人脉、提出建议，但他们不能开展活动，不能签订合同，不能集资，当然也不能花钱，除非它的上级董事会授权给他们。这些规定都是在委员会建立之初根据法律而制定出来的，并且在明州登记注册。

The National Committee on US–China Relations（美中关系全国委员会）是一个由政治家和商人组成的委员会，是一个非营利、非政治的组织。这个委员会有众多的职员，而且可以集资，可以做预算，可以开销，他们的活动和会员都不受政府干涉。引领他们的是共识和信仰。

COUNCIL
Council多半是具有顾问、协商、立法性质的机构，委员们定期开会，会议比较正式。有些宗教组织也常常用Council这个词语。

看了玛丽老师的讲解，我似乎明白了一些，但非要说出这三个词的根本区别，我还是无能为力。但我想，语言这东西并不是数学，单词的意义可能你中有我、我中有你，不可截然分开、一清二白。但我们为什么非要纠缠这三个单词的区别呢？中国古人说：格物致知。对单词的辨析过程其实就是格物的过程，就是认识社会的过程。

注：写于2014年6月10日。

人类的诗性

一

院庆30周年的学术报告会上，一位学者讲中国的诗性文化，我正巧在厄瓜多尔的基多参加联合国的人居三大会，不在现场，于是很多同事便用微信将这位学者的讲话或视频或图片地传给我。回国后，又仔细地将他的讲话视频完整地看了一遍，觉得很受启发，大有收获，所以兴致所至，也谈点感想。

中国人的诗性是历来就有的，作为中国人很为这点自豪。孔子说"不学诗，无以言"，似乎是说，作为中国人，你若不学诗的话，就不要开口讲话了。我不是研究诗词歌赋的，但从小就学习唐诗宋词，现在也觉得诗这个东西对人的教化功能甚好，腹有诗书气自华。中国人每逢节庆假日、亲朋聚会、旅游观光都会作上一两首诗的，当然如果遇到红白喜事就更不要说了，诗、歌、词、书法、春联、挽联都是这种诗性的表达。

中国人对诗的兴趣从文字层面或从考古层面可以追溯到《诗经》。据说，西周时的一位政治家、军事家尹吉甫是《诗经》的主要采集者和编纂者，被尊称为中华诗祖。也有人认为，尹吉甫就是《诗经》的作者。东晋的一位美女诗人谢道韫曾说"吉甫作颂，穆如清风"。孔子也被认为是《诗经》的一位整理者。

从《诗经》以降三千年来，中国人的诗性随着时间的推移则愈久弥深。这或许是因了文字的成熟，使得记录在纸张上的记载更加丰富了，或许是因了人类的语言更加成熟，使得人类更善于用诗化的语言来表达感情。总之，诗已然成为中国人的一个文化标志了。兴观群怨、论述奏题、歌之笔之都是诗。

尽管中国人的诗与诗性无处不在，但它总体来说还属于非正事之事。整个社会并没有达到孔子所说"不学诗，无以言"的程度。中国古代的宫廷里也喜欢写诗，也有一些诗性发作，而且居然有"青词宰相"，但这个宰相比起六部尚书来还是旁门左道而已，不入正流。而民间写诗总体来说是一个比较放松、惬意的事情，是真正的诗性荡漾。如喜欢眠花宿柳、酒肆歌楼的柳永，寒蝉凄切，对长亭晚，骤雨初歇，执手相看泪眼，竟无语凝噎。如喜欢雕琢文字讲求音律的周邦彦，并刀如水，吴盐胜雪，纤手破新橙。哈哈，美得不行。即便是官场不如意的中国文人，也常以写诗来疏遣，这不如意也变得起伏潇洒了，如屈原、苏轼也，一个发誓路漫漫其修远兮吾将上下而求索，一个感叹天涯何处无芳草。也有真不如意真不开心的中国文人，一样也是写诗，如纳兰，谁翻乐府凄凉曲，风也萧萧，雨也萧萧，瘦尽灯花又一宵。

其实，开心也好，不开心也罢，写写诗都是没什么的，消遣玩乐而已。倒是那些在大难临头生死关口还在写诗的人，才让人觉得真正有诗性。刺客荆轲知道自己无论行刺成功与否都将无法生还，与燕太子丹等人分别时悲壮地吟唱"风萧萧兮易水寒，壮士一去兮不复还"，这才是真正的诗性。竹林七贤的嵇康在被他人诬告而临刑时，在刑场上抚了一曲《广陵散》，然后从容赴死，这也是真正的诗性。中国近代有位才子汪精卫，因反清而被捕入狱，在不知后事该如何的情况下，写下了"引刀成一快，不负少年头"的诗句。尽管后来历史将汪定义为反面人物，但他少年时的壮举和诗性还是值得一说的。最让人唏嘘感叹的是一位叫瞿秋白的中国共产党的早期领导人，在被敌军俘虏后，敌军因为叛徒的告密而知晓了瞿的身份，同时也知道瞿是一位文人，遂以好吃好喝好笔好纸伺候，以期其变节。但瞿不为所动，宁愿赴死。行刑日清晨，瞿于囚室中写出一首诗，竟然是唐诗集句而成。"夕阳明灭乱山中，落叶寒泉听不穷，已忍伶俜十年事，心持半偈万缘空。"这首集句而成的诗，到底要表达瞿的什么心境，颇让后人思量，也许是"眼底云烟过尽时，正我逍遥处"吧。

这种逍遥精神才是中国人的真正诗性。

二

中国人有诗性，那外国人呢？其实一样，整个人类都有诗性。

朱光潜先生认为，诗、歌、舞与人类共生，当人类诞生时，诗就与人结伴了。

但我们现在能读到的以文字形式记载的诗只能追溯到6000年前两河流域苏美尔人那里了。

猖獗的洪水啊，没人能和它对抗，
它使苍天动摇，使大地颤抖……
庄稼成熟了，猖獗的洪水来将它淹没。

这是诗吗？当然是诗！能让苍天动摇、大地颤抖的能不是诗吗？

古埃及人更是善诗，对劳动、对女子、对爱情、对太阳神、对尼罗河都会以诗称颂。读一首古埃及人称颂太阳的诗吧。

在天涯出现了您美丽的形象，
您这活的阿顿神，生命的开始呀！
当您从东方的天边升起时，
您将您的美丽普施于大地。
您是这样的仁慈，这样的闪耀，
您高悬在大地之上，
您的光芒环绕大地行走，

走到您所创造的一切的尽头，

您是"拉"神，您到达一切的尽头，

您使一切为您的爱子服役。

您虽然是那么远，您的光都照在大地上，

您虽然照在人们的脸上，

却没有人知道您在行走。

当您在西方落下时，

大地像死亡一样地陷在黑暗之中。

人类的诗性是人的本性之一，诗性深深地扎根于人类的基因中。远古时代的人写诗，近现代的人也一样。

泰戈尔的诗，"世界以痛吻我，要我回报以歌。"

王尔德的诗，"我们都在阴沟里，但仍有人仰望星空。"

纪伯伦的诗，"一个伟大的人有两颗心：一颗心流血，一颗心宽容。"

聂鲁达的诗，"我喜欢你是寂静的，仿佛你消失了一样。"

上面这些句子是诗吗？当然是。但如果把它们与中国的古诗对比，我们可能会感觉它们都是大白话，不像中国的古诗那样富有文字格律。

那好，我们来看看莎士比亚的一首诗，一首十四行诗。其中的中文翻译仅供参考啊，因为这样富有格律的诗在翻译时，既要体现格律又要保持原意是很难的。

Shall I compare thee to a summer's day? 我想将你比作迷人的夏日，
Thou art more lovely and more temperate: 但你却更显可爱和温存：
Rough winds do shake the darling buds of May, 狂野之风摧残着五月蓓蕾

的柔媚，

And summer's lease hath all too short a date：也一天天消磨着夏日的归期：

Sometime too hot the eye of heaven shines，苍天的明眸偶然泻出璀璨，

And often is his gold complexion dimm'd；却难以辉映他暗淡的容颜；

And every fair from fair sometime declines，一切明媚的色彩渐已消褪，

By chance or nature's changing course untrimm'd；过程是如此草率；

But thy eternal summer shall not fade，然而你却如永恒之夏，

Nor lose possession of that fair thou owest；所有的美好永远也不会改变；

Nor shall Death brag thou wander'st in his shade，就连死神也不敢对你嚣张，

When in eternal lines to time thou growest：因你将永生于不朽的诗篇：

So long as men can breathe or eyes can see，只要世人一息尚存，

So long lives this and this gives life to thee．你将和这诗篇永驻人间。

哦，能读出这里面的格律吗？能读出这里面的意境吗？

如果还不过瘾，那就再来一首现代的，弗罗斯特的诗，《Stopping by Woods on a Snowy Evening》（雪夜林边小驻）。

Whose woods these are I think I know，我知道林子的主人是谁，

His house is in the village though．虽村落是他所居之地。

He will not see me stopping here，他不会看到我停留于此，

To watch his woods fill up with snow．凝视他的林子雪花纷飞。

My little horse must think it queer，我的小马一定以我为怪，

To stop without a farmhouse near，近无房舍，为何停伫。

Between the woods and frozen lake，况只有林子与冰湖，

The darkest evening of the year．和一年中最黑之夜。

He gives his harness bells a shake，他轻摇铃具，

To ask if there is some mistake．询问有错与否。

The only other sound's the sweep，唯一的回复来自，

Of easy wind and downy flake．软雪和清风。

The woods are lovely, dark and deep. 林子很美，昏暗而幽深，
But I have promises to keep, 但我已有约定。
And miles to go before I sleep. 睡觉前还有一段路要走。
And miles to go before I sleep. 睡觉前还有一段路要走。

这首诗不但格律工整，而且极富画面感和音乐感，只有比较熟悉英语的人才能深刻理解这样的诗的功力和意境的。即便是比较熟悉英语，也还要多念几遍才可以体会到哦！

三

此番院庆庆典之际，正好赶在厄瓜多尔的首都基多出差。联合国人居三大会选在基多召开，很为这个不很知名的城市添了光彩，全城人为此大会准备了三年，像是过节一般。老城独立广场边上的黄金教堂搞起了灯光秀，生生地让平日里道貌岸然、严肃古板的天主教堂平添了鬼怪精灵、科技梦幻的感觉，于是，本地居民、观光客以及趁机而来的小偷齐上阵，在夜晚涌进了这个小小的广场。哈哈，这个厄瓜多尔的民族诗性也不浅啊。

厄瓜多尔在西班牙殖民者到来之前曾是古印加帝国的属地。古印加帝国的文字系统虽然不发达，到16世纪时还是以结绳来记事，但这不影响原住民印第安人的语言和诗性，口耳相传的诗歌仍然留存下来。

16世纪，西班牙殖民者侵入印加帝国，在一场血与火、阴谋与背叛的战争后，帝国最后一位统治者阿塔瓦尔帕被西班牙人俘虏、挟持并最终被杀害，印加帝国覆灭。有稍后的人用诗歌记录了这一段历史，题目是《阿塔瓦尔帕的挽歌》（Elegia por la muerte de Atahualpa）。诗中写道："白人贪婪黄金，像密布的阴云扑来。他们遍布山野，抓住了印加之父，把他砍倒在地，残忍地杀害。他们怀有禽兽之心，长着豺狼之爪。啊，他们把他撕裂，就像撕扯一只羔羊。"类似这样的诗歌是用原住民的语言，即克丘亚语言写成，后来被翻译成西班牙文。

殖民者统治时期，诗歌仍然得到发展。当然，这段时期主要是殖民者自己用诗歌来记录征服原住民、垦荒新大陆的景象。

17世纪，厄瓜多尔和欧洲一样，也迎来了巴洛克文化，诗歌在此时也沾染上了浮夸绮丽的风气，形成了一种叫"敷衍体"的诗歌。首都基多曾在1613年举办过一场赛诗会，会上，一位叫曼努埃尔·乌尔塔多（Manuel Hurtadod）的诗人就因为一首充满巴洛克风格的敷衍体的诗而获奖。

18世纪，在基多，还出现了一位女诗人，卡塔丽娜（Catalina），她是一位虔诚的教徒，她的诗集《灵魂与上帝间的秘密》（Secretos entre el alma y Dios）描写了她在修道院的生活经历。

19世纪，是南美洲各国独立革命的年代。此时，诗歌也从巴洛克转向新古典主义，战斗、抨击、激情、革命成为了主旋律。读一首当时的诗的片段："残酷的西班牙人是刽子手，双手沾满了鲜血，犯下了滔天罪行，哦，这一天人们看到了基多，城市充满了恐惧和恐怖，让上帝的旨意显灵吧，他能够决定一切，不能不复仇，向那些可恶的刽子手。"

进入到20世纪，厄瓜多尔的诗歌和文学也进入到了现代主义阶段，"断颅的一代"、"爆炸文学"、"后现代主义"、"新现实主义"、"象征派"、"魔幻派"、"诠释历史派"等相继出现，异彩纷呈。

仅仅就从诗歌这一个层面来看，厄瓜多尔以及基多已经和世界的文化脉搏几乎同步，世界有什么，这里就有什么，只是更多了一点自己的色彩而已。而那个没有文字、虽有道路却不会使用车轱辘、几万人自己的军队打不过几百人殖民者军队的古印加帝国早已经被甩到了历史的尘埃中。

四

诗是人类语言的升华，也是人类心灵的写照。

不但中国人富有诗性，整个人类都富有诗性。

适逢院庆30周年庆典，我在基多繁星璀璨的深夜里，在基多乡下的农舍里，在满是乡土气息的床铺上，倚在床头，围着厚厚的棉被，伴着鲍勃迪伦的旋律也写下了几句诗：

一个人要读多少书才能说些简单的大道理，
一个人要走多少路才能跨过赤道到基多，
一个人要飞多少公里才能知道地球本不平，
一个人要少睡多少小时才能体会诗人的不容易。
……
其实所有问题的答案都在这里深深的星夜。

注：完成于2016年12月16日。

昨晚听到习近平总书记讲话

1．习近平总书记的讲话引起了我的兴趣

昨晚（北京时间）听到习近平总书记在瑞士达沃斯世界经济论坛上讲话，其中讲到了"第四次工业革命"，说我们现在已经开始进入到第四次工业革命了。哦！第四次！？我们不是才刚刚进入到第三次工业革命不久吗？怎么这么快，又要第四次了？这是什么节奏？

我对习总书记的讲话历来是很在意的，听他说起这个"第四次工业革命"，我觉得有必要把我们人类历史上几次大的产业革命和科技革命进行一下梳理，然后再来看看这个第四次工业革命将会是怎样的一场革命。

2．快速浏览人类历史

为了让我们能全面掌握人类社会的发展脉络，我们不妨尽可能简略地回顾一下人类的发展历史。

大约300万年前，人类诞生。

人类诞生后，经历了漫长的蛮荒时代（其中包含旧石器时代和新石器时代），然后进入了文明时代。而人类之所以能够进入文明时代，正是由于人类社会产生了一场重大的生产力的进步，这就是农业革命，也有人称之为第一次产业革命。这场革命发生在大约1万年以前。这场革命的重要性在于，人类逐渐摆脱了单纯的对自然的适应和简单的依赖，转而开始对自然有目的地利用和主动地改造。也正是由于这场革命，人类也开始从迁徙状态的采集、狩猎生活转变为定居状态的农业、养殖生活，人类的食物开始富足起来，人口进一步增长，同时这

样的生活方式促进了人类的宗教活动，文字开始被发明，陶器和金属工具也都出现。

当人类社会进入到18世纪时，又发生了一次天翻地覆的变化，即发端于英国的手工业生产的技术革命。1733年，机械师凯伊发明了飞梭，大大提高了织布速度。1765年，织工哈格里夫斯发明了"珍妮纺纱机"，大幅度增加了棉纱产量。"珍妮纺纱机"的出现在棉纺织业中引发了发明机器、进行技术革新的连锁反应。1785年，在英国伯明翰，工程师瓦特在经过了20多年的艰苦探索和不断改进后，终于将蒸汽机进行了改良并使用于工业生产。改良后的蒸汽机为生产机械提供了更加强大的动力，大大推动了机器的普及和发展，人类社会由此进入到了"蒸汽时代"。这次以"珍妮纺织机"和"蒸汽机"为标志的人类社会的大变革是继1万年前的农业革命之后的又一次变革，经此变革，社会生产力大大提高，手工工厂逐渐消亡，代之而起的是机器工厂，生产关系也发生了变化，所谓工业无产阶级开始形成并壮大起来。这场社会大变革被称为"工业革命"或"第一次工业革命"，也可以被认为是人类社会的"第二次产业革命"。

当人类社会进入到19世纪时，人类又迎来了一场产业革命，即"第二次工业革命"。

第二次工业革命最显著的特点是电力的应用。1831年，英国科学家法拉第发现电磁感应现象，科学家们开始研制发电机。1838年，美国人莫尔斯发明了电报机并成功进行了3英里的电报发送。1866年，德国科学家西门子制成一部发电机，后来几经改进，逐渐完善，到19世纪70年代，实际可用的发电机问世。1870年，比利时人格拉姆发明电动机，电力开始用于带动机器，成为补充和取代蒸汽动力的新能源。1879年，美国人爱迪生研制成功电灯。1882年，法国学者德普勒发现了远距离送电的方法。同年，美国发明家爱迪生在纽约建立了美国第一个火力发电站，把输电线连接成网络。1885年，在科学家特斯拉等人的努力下，交流电动机问世。上述这些电气设备的发明，实现了电能与机械能、电能与热能、电能与光能的转换。之后，电气产品如雨后春笋般地涌现出来，人类社会进入到了"电气时代"。

同时，内燃机的创造和使用也是第二次工业革命的特征之一。1876年，德国人奥托制造出第一台以煤气为燃料的四冲程内燃机，成为颇受欢迎的小型动力机。1883年，德国工程师戴姆勒又制成以汽油为燃料的内燃机，其具有马力大、重量轻、体积小、效率高等特点，可作为交通工具的发动机。1885年，德国机械工程师卡尔·本茨制成第一辆汽车，本茨因此被称为"汽车之父"。接着，德国工程师狄塞尔又于1897年发明了一种结构更加简单、燃料更加便宜的内燃机——柴油机。这种柴油机虽比使用汽油的内燃机笨重，但却非常适用于重型运输工具，如船舶、火车和载重汽车。1896年，德国工程师首次将内燃机装在飞行器上做飞行实验，试飞高度曾达到30多米。1903年，美国人莱特兄弟发明飞机。

内燃机的发明和使用还推动了石油开采业的发展，加速了石油化工工业的产生。美国于1859年在宾夕法尼亚州发现石油，钻出第一口油井，但石油最初只用于照明。随着内燃机的广泛应用，对燃料油的需求猛增，人们开始大量地开采和提炼石油，石油的产量迅速增长。

第二次工业革命期间，电讯事业的发展也很迅速。继有线电报出现之后，电话、无线电报相继问世，为快速传递信息提供了方便。

化学工业的建立也是这一时期科学技术应用与生产的一项重大突破。1867年，诺贝尔研制炸药成功，大大促进了军事工业的发展。同时期，科学家提炼出来了氨、苯等化学产品。

由以上这些成就可以看出，第二次工业革命是一个全方位的产业革命，电气设备的使用、内燃机的使用、石油工业的兴起使得整个世界又进入到了一个新的境界。

从第二次世界大战后直至今天，我们人类社会在科学技术和生产力方面又进入到一个新的发展阶段，很多学者将这次的科学技术和生产力的进步称为第三次工业革命（也有学者称为第三次科技革命）。

第三次工业革命是人类社会继蒸汽技术革命和电力技术革命之后在科技和工业领域里的又一次重大飞跃。它是在科学理论的指导下，以原子能技术、电子计算机技术、空间技术、生物技术、新能源技术、新材料技术、海洋技术和信息处理技术的发明和应用为主要标志的一次重大的社会进步。我们可以看见或预见，这次的革命如同人类社会前几次的产业革命一样，是一场影响到社会方方面面的革命，它将会又一次极大地推动社会生产力的发展，促进社会经济结构和人类生活方式的变化。

3. 回到习总书记的讲话

第三次工业革命发生在20世纪，它所触及的很多科技、生产领域，有些已经让我们人类享受其成果，有些正方兴未艾，有些还在探索阶段，其理论和技术都还不成熟。而真正提出"第三次工业革命"这个概念的是当代美国经济学家杰里米·里夫金（Jeremy Rifkin），他提出这一概念时也不过20年前，而欧盟国家也是在10年前才刚刚认可这一概念并有一些相对应的举措，而这个杰里米·里夫金还正在到处为他的"第三次工业革命"概念奔走呼号。也就在此时，我们的习大大在瑞士达沃斯世界经济论坛上竟然已经提出了"第四次工业革命"的概念了。世界变化如此快，你我都不很明白。

其实，习总书记提到"第四次工业革命"的提法并非空穴来风。

据说，第一次提出"第四次工业革命"的是德国人，时间是四五年前。当时德国人针对德国制造业的发展提出了工业革命的定义，认为第一次是机械化，第二次是流水线作业，第三次是自动化，而第四次则是智能化，而这第四次的以智能化为目标的工业革命是一场有组织的革命。

而真正推动这一概念、宣传这一概念的是瑞士人克劳斯·施瓦布（Klaus Schwab），也就是瑞士达沃斯论坛的创始人。克劳斯·施瓦布认为，现在我们整个世界正处于"第四次工业革命"的初期，人类的生产方式、消费方式和关联方式正在以"物质世界、数字世界与人类自身相融合"的方式发生根本性转变。克劳斯·施瓦布进一步解释，第四次工业革命不再局限于某一特定领域，无论是网络和传感器，还是纳米技术、生物技术、3D打印技术、材料科学、计算机信息处理技术，以及这些技术之间的相互作用和辅助效用都将是此次工业革命涉及的领域，而这样的组合势必产生强大的力量，它是整个系统的创新。克劳斯·施瓦布甚至认为，这次革命可能极具颠覆性，其对人类社会的影响，我们现在或将无法预知。

习总书记此番达沃斯讲话中提到了克劳斯·施瓦布，也提到了"第四次工业革命"，这只是对东道主礼节性的寒暄吗？应该不会的吧，习大大从不说套话、虚话的。

去年3月，阿尔法狗大战围棋高手李世石，以4胜1负的成绩战胜了人类。大约3个星期前，也就是在年轮交替之际，这个阿尔法狗以master身份再次露面，在网络上以60胜1和0负的成绩碾压中日韩三国围棋高手。此次事件标志着人类智力游戏的最后一块堡垒终于彻底地、干干净净地被机器攻破。这个事件只是一场游戏之争吗？或者只是一个人工智能技术的演示吗？

机器会下棋，那么机器会写文章吗？机器会写诗、作画、作曲吗？机器会做城市规划吗？机器会指挥打仗吗？面对这些问题，此时，我们人类已经不敢说"不"了。再想想克劳斯·施瓦布"与人类自身相融合"的说法，我们人类是不是有些恐慌呢？

夜深了，我由习总书记讲到的"第四次工业革命"联想到了很多很多，还有很多。我想，人类的"革命"可能真的要来了。

注：写于2017年1月18日。感谢张晓东先生为本文提供了很多背景材料。

中国律法发展史撷要

1．关于法律问题的开始

1）法律的发明

在人类所有的"发明"中，"法律"的发明是最伟大的发明。何以如此说呢？美国法律学者埃德加·博登海默说："别的发明使人类学会了驾驭自然，而法律让人类学会了如何驾驭自己。"

埃德加·博登海默，1908年出生于德国柏林，在获得海德堡大学法学博士后于1933年移民美国，此后在华盛顿大学研习美国法律并于1937年获得法学本科（LL.B）学位。从1951年开始，埃德加·博登海默担任犹他大学和芝加哥大学法律教授，并于1975年成为法学荣誉教授。埃德加·博登海默的主要研究领域为法律哲学并成为"综合法理学"的代表人物，其代表作有《法理学：法律哲学与法律方法》（Jurisprudence: The Philosophy and Method of the Law）。

2）法律的定义

法律的定义有很多，但都大同小异。中国商务印书馆1996年出版的《现代汉语词典》中对此如下定义："由立法机关制定，国家政权保证执行的行为规则。法律体现统治阶级的意志，是阶级专政的工具之一。"

感觉上述表达有推敲的地方，于是我也为法律定义："人类社会的行为规范。"

我的一位同事为这个定义加上了两个字，成为"人类社会行为规范的底线。"

不错，越来越简练，越来越严谨。

法律作为一门学科来说应该属于社会学科，显然它与一个社会的种族、宗教、文化以及经济发展有关。

2．中国古时候与法制有关的传说：皋陶与獬豸

1）传说中的司法人物皋陶

中国古时候有位传说中的人物被奉为司法鼻祖，他叫皋陶（gāo yáo）。

皋陶，偃姓，又作"咎陶"、"咎繇"、"皋陶"、"皋繇"或"皋繇"，为中国古代汉族传说中的人物，与尧、舜、禹齐名，并称"上古四圣"。

传说，皋陶生于尧帝时代（约公元前21世纪），后被舜帝任命为掌管刑法的"理官"，以正直而闻名。到了禹帝时代，他又辅佐禹帝理政、治水和发展生产，并为融合夏夷而形成后来的所谓中华民族做过很多事。

可能皋陶最主要的理念和功绩在其于教育和刑罚领域的建树。如在教育方面，皋陶推行"五教"，即父义、母慈、兄友、弟恭、子孝这五种伦理道德。而在刑罚方面，皋陶则推行"五刑"，即墨（在额头上刻字涂墨）、劓（yì，割鼻子）、剕（fèi，也作刖，yuè，砍脚）、宫（毁坏生殖器）、大辟（死刑）这五种刑罚。皋陶希望通过这"五教"、"五刑"达到社会的和谐与治理。

皋陶这个名字也被后人作为狱官或狱神的代称。

2）中国古代的司法图腾獬豸

獬豸（xiè zhì）又称獬廌（zhì）、解（xiè）豸，是中国古代神话传说

中的一种神兽，大者如牛、小者如羊、黑发遍身、形若麒麟，它怒目圆睁，额上通常还长有一角，俗称独角兽或神羊。

这个神兽拥有很高的智慧，懂人言知人性，能辨是非曲直，能识善恶忠奸，所以，它成为了中国古代司法的象征，寓意"勇猛"和"公正"。

3. 汉字"法"之小考

汉字中的"法"其实就来自于这个独角兽，獬豸，也称獬廌、解豸。

相传，皋陶在处理案件时，若有疑问，便会牵出这头神兽，让神兽来判明是非曲直。

《论衡·是应》曰："鹿者，一角之羊也，情知有罪，皋陶治狱，其罪疑者，令羊触之。有罪则触，无罪则不触，斯盖天生一角圣兽，助狱为验。"

《异物志》曰："东北荒中，有兽名獬，一角，性忠，见人斗，则触不直者；闻人论，则咋不正者。"

《说文解字》曰："解廌，兽也。似山羊一角。古者决讼，令触不直。象形从豸者。凡廌之属，皆从廌。"

汉字"法"，在西周的金文中写作"灋"。显然，这是一个象形文字，或者更准确地说是一个"会意"字。许慎的《说文解字》对此解释曰："灋，刑也。平之如水，故从水；廌所以触不直者去之，从去。"这段话是对"灋"的最好解释了。

中国古代文献中，"法"与"刑"往往通用。早期多用"刑"，如夏之禹刑、商之汤刑、周之吕刑、春秋战国之竹刑，还出现了刑书、刑鼎。战国时期，魏相李悝集诸国刑典，编纂了一部《法经》，之后，"法"便用得多了起来。

汉字中"法"与"律"也经常通用，"律之与法，文虽有殊，其义不也"。但战国时的商鞅以《法经》为蓝本实行变法，改法为律，制定了《秦律》。"律"字最初的本意是指定音的竹笛，后来也指音乐的旋律和节拍，其内涵意义是规范和稳定。商鞅以"律"代"法"，其目的在于强调"律"的稳定性和普适性，"范天下之不一而归于一"。自商鞅后，"律"字多用。中国古代法典大都称为律，如秦律、汉律、魏律、晋律、隋律、唐律、明律、清律，只有宋代称刑统，元朝称典章。

商鞅用"律"字应该也是有出处的。春秋时的管仲曾曰："法律政令者，吏民规矩绳墨也。"看来，"律"在"法律"层面的首次使用发明权应该归管仲。

按照汉字的发音规律，"灋"似应读zhì，从廌。后来"灋"简化为"法"，至现在我们读fǎ。这读音之间的变化曲折暂时无从考证。

4．有关法家的情况

中国历史上，曾出现过一个思想流派叫"法家"，这一派思想家、政治家主张用"法制"来治理国家、治理社会，即"不别亲疏，不殊贵贱，一断于法"。

法家大致兴起于春秋战国时代，当时也被称之为"刑名"或"刑名之学"。但法家的思想源头可以追溯到夏商时期的"理官"，也就是掌管司法的官。商朝末期的理徵就是一位理官。

春秋时期的管仲、士匄（gài）、子产都是法家的开创者。

管仲（公元前719年或723年—前645年），曾任春秋时代齐国的相国。管仲在任内时，大兴改革，富国强兵，使得齐国非常强大，被认为是中国古代重要的政治家、思想家、军事家，也被称为"法家先驱"。

士匄（？—公元前548年），又名范匄、范宣子，春秋时期晋国人，法家先驱。士匄出生于晋国名臣大将之家，从小受到了良好的教育，在晋悼公时登上晋卿之位，担任中军佐，为悼公建立霸业发挥了重要的作用。

子产（？—公元前522年），春秋时期郑国的执政，执政23年，期间，使得郑国小有中兴之势。子产是第一个将刑法公布于众的人，曾铸刑书于鼎，史称"铸刑书"。子产也被认为是法家的先驱者。

到战国时期，李悝（kuī）、吴起、商鞅、慎到、申不害、乐毅、剧辛、李斯、韩非等人均对法家思想有所贡献，使之真正成为一个学派。战国末期的韩非对上述这些人的学说加以综合总结，留有《韩非子》一书，十余万言，乃集法家之大成。

再往后，桑弘羊、王叔文、王安石、张璁、张居正、严复、梁启超等人也被认为是法家思想的代表人物。

5. 关于李悝和《法经》

战国时期的魏国有一位政治人物叫李悝（kuī），也对那个时期的法制建设有重大贡献。李悝，公元前455—前395年在世，时任魏文侯相十年左右，其对魏国的贡献主要在于农业政策和法律的制定。

在农业政策方面，李悝主张"尽地力"和"善平籴"。所谓"尽地力"就是鼓励农民精耕细作，增加产量，同时鼓励农民播种多种粮食作物，以防灾荒。所谓"善平籴（dí）"就是官府在丰年的时候以平价购进粮食储存，待荒年时再以平价售出，以此平抑粮价。

在法律方面，李悝"撰次诸国法"，即汇集了当时诸侯国的法律而编成一部《法经》。《法经》共有六篇，即《盗》、《贼》、《网（或囚）》、《捕》、《杂》、《具》。《盗》是保护封建私有财产的法规；《贼》是防止叛逆、杀伤，保护人身安全和维护社会秩序的法规；《囚》是关于审判、断狱的法律；《捕》是关于追捕犯罪的法律；《杂》是有关处罚狡诈、越城、赌博、贪污、淫乱等行为的法律；《具》是关于定罪量刑中从轻或从重等法律原则的规定，相当于近代法律的总则部分。

李悝的《法经》对商鞅影响很大，后商鞅将《法经》带到秦国，秦国便有了《秦律》。经秦朝，至汉朝时有《汉律》，其体例和内容也皆出于此。《法经》作为中国历史上第一部比较系统、完整的成文法典，在中国的立法史上具有重要的历史地位。

遗憾的是，《法经》现已失传。

6. 关于秦律

商鞅是战国时期非常有名的一位人物，他于公元前395—前338年在世。商鞅原本在魏国做官任中庶子，侍奉魏国国相公叔痤（cuó），期间受李悝、吴起的影响较大。后来商鞅又到秦国谋官，受秦孝公的重用而任左庶长，于是便开始了中国历史上非常有名的一段故事：商鞅变法。

商鞅变法的工具之一便是他从魏国引进的《法经》，只是他"改法为律"了。秦始皇统一中国后，秦相李斯又将商鞅以来的律令加以补充、修订，形成了内容更为缜密的《秦律》，并颁行于全国。秦相李斯曾说："明法度，定律令，皆以始皇起。"

如《法经》一样，秦律也早已佚失，其具体内容只在史书上见到零星记载。庆幸的是，1975年12月，在湖北云梦睡虎地的秦墓中出土了一千余支竹简，竹简的大部分是《秦律》条文和解释，这些竹简成为我们了解和研究《秦律》的一个重要依据。尽管这些竹简远不是《秦律》的全部，但它是中国迄今为止发现的唐以前法律条文最多、最早的法律文献。据竹简所载，《秦律》不仅包含《法经》六篇的内容，而且还有《田律》、《效律》、《置吏律》、《仓律》、《工律》、《工人程律》、《金布律》、《厩苑律》、《均工律》、《关市律》等内容。内容涉及农业、手工业、商业、徭役赋税、军爵赏赐、官吏任免以及什伍组织等诸多领域，繁不胜繁，甚至连老百姓穿什么样的鞋子都有规定（如《秦律》规定，普通老百姓不准穿丝织有花纹的"锦履"）。

对于秦朝的律法，秦始皇言：凡事"皆有法式"，"事皆决于法"。而后世汉朝人则评："秦法繁于秋荼，而网密于凝脂"（《盐铁论》）。

7. 关于汉律

秦灭汉兴。汉高祖刘邦初入关中时，见百姓饱受秦苛政之苦，便与父老乡亲约法三章："杀人者死，伤人及盗抵罪"。但如此简单的"约法"只可暂时收拢人心，却不能长期有效地管理社会，于是刘邦便让萧何以《法经》和《秦律》为蓝本制定汉朝的法律。

《汉律》除了《法经》所具有的《盗》、《贼》、《网》、《捕》、《杂》、《具》六篇外，又增《户》、《兴》、《厩》三篇，形成"九章律"，所以，《汉律》也称《汉律九章》或《九章律》。其中《户》有关户籍、赋税和婚姻家庭，《兴》有关徭役征发、城防守卫等，《厩》则有关牛马畜牧和驿传。但《秦律》中已经有《厩苑律》，可知，《厩》这一篇并非汉首创。

及后，叔孙通又奉刘邦和汉惠帝刘盈命制订《傍章律》18篇，为有关朝廷礼仪的法规。至西汉中期武帝时，张汤制订《越宫律》27篇、赵禹制订《朝律》6篇，分别是宫廷警卫方面的法规和朝贺制度方面的法规。以上这三律加上萧何的《九章律》共计60篇，故《汉律》有时也指上述这60篇汉朝律令。

东汉律令基本上承袭西汉，没有大的变化。

和《秦律》相比起来，《汉律》并没有简约多少，仍然是法网益密、律文繁多，法令文书充满几阁，连主管者也不易遍睹。

东汉灭亡以后，《汉律》开始散失。《隋书·经籍志》中已不着录晋以前的法律，可见《汉律》到隋时已全部亡佚。目前从尚存的一些古籍中还可见若干《汉律》引文。另外，1984年在湖北江陵张家山的三座西汉墓葬里出土了一些有关法律的竹简，这些都是研究《汉律》的主要依据。

8．关于三国、两晋、南北朝时期的法律
自东汉末年（东汉止于220年），中国经历了近400年的动荡时期，为三国、两晋、南北朝。这期间，法律仍然在进行。

1）《蜀科》
蜀国的著名政治家军事家诸葛亮主张"非法不言，非道不行"，"教令为先，诛罚为后"，"人君先正其身，然后乃行其令"，主张礼法结合、先教后刑，故与法正（176—220年在世，东汉末年谋士）等人共同制订《蜀科》，是为蜀国的治国大法。

2）《甲子科》
魏国的曹操主张"治定之化，以礼为首；拨乱之政，以刑为先"，曾颁布《甲子科》，是为魏国的治国规章。

3）《魏律》
魏明帝曹睿见汉以来的律令繁琐，遂令陈群等人对其进行删节缩略编辑，制订出《魏律》18篇。

4）《晋律》
晋泰始元年（265年），武帝司马炎命贾充、羊祜、杜预等人本着简约的原则制订《晋律》，于泰始四年颁布。

5)《北魏律》

北魏人在进入中原之前既无文字也无法律，但其统治者注意学习汉族的法律文化。孝文帝于大和年间，亲自组织几十名学者，参考汉人各朝律令，制订了《北魏律》20篇。后人有评论云：《魏律》系孝文自下笔，此前古未有之例。《北魏律》也被认为是集汉魏文化之大成者。

6)《麟趾格》

东魏孝静帝期间，曾参照北魏的《北魏律》修订出一套法律，因为众臣议事之地为麟趾阁，故东魏的法律称《麟趾格》。

7)《北齐律》

北齐时，武成帝命人在《北魏律》的基础上制订《北齐律》12篇，其具有"法令明审，科条简要"的特点。另外，《北齐律》中规定的"重罪十条"，是后世立法规定的"十恶大罪"的前身，成为后世法典的重要内容。在体系和内容上，《北齐律》对后世的《隋律》和《唐律》都有直接的重要的影响。

9. 关于隋朝的《开皇律》

581年，北周（557—581年，是中国历史上南北朝的北朝之一）外戚杨坚受禅代周称帝，改国号为隋，北周乃亡。杨坚改元开皇，建都长安，称隋文帝。

开皇元年，隋文帝审时度势，采刑部侍郎赵绰（chāo）的"行尧舜之道，多存宽宥"之建议，指派尚书左仆射高颎（jiǒng）、上柱国郑译及杨素、裴政等人制订《开皇律》。

《开皇律》共计12篇、500条，其篇目是：名例律、卫禁律、职制律、户婚律、厩库律、擅兴律、贼盗律、斗讼律、诈伪律、杂律、捕亡律、断狱律。其中名例是罪名和量刑的通例；卫禁是保护皇帝和国家安全的内容；职制是官员的设置、选任等内容；户婚是关于户籍、赋税、家庭和婚姻的法律；厩库是养护公、私牲畜的规定；擅兴是擅权与兴兵，旨在保护皇帝对军队的绝对控制权；贼盗是指包括"十恶"在内的犯罪以及杀人罪；斗讼针对斗殴和诉讼；诈伪针对欺诈和伪造；杂律是不适合其他篇目的内容；捕亡是有关追捕逃犯逃兵等方面的内容；断狱则是审讯、判决、执行和监狱方面的内容。

《开皇律》在体例上主要参考了《北齐律》，但在内容上又对《北齐律》做了必要和合理的修改。中国古代刑法典的篇目体例，经过了从简到繁、从繁到简的发展过程，而《开皇律》的12篇标志着这样一个过程的完成，显示了中国古代立法思想和立法技术的进步与成熟。这种12篇的体例，后来被唐律所沿用。

《开皇律》还废除了以前的车裂、枭首和宫刑等刑罚手段，而改以笞、杖、徒、流、死这"五刑"，其中死刑改为斩、绞两种。

《开皇律》还通过"议、减、赎、当"的制度，为有罪的贵族、官僚提供了一系列的法律特权。其中"议"是指"八议"，即对亲、故、贤、能、功、贵、勤、宾这八种人的犯罪，必须按特别审判程序认定，并依法减免处罚；"减"是对"八议"人员和七品以上官员犯罪，比照常人减一等处罚；"赎"是指九品以上官员犯罪，允许以铜赎罪，每等刑罚有固定的赎铜数额；"当"是"官当"，官员犯罪至徒刑、流刑者，可以"以官当徒"或"以官当流"，就是以官品折抵徒、流刑罚。

另外，《开皇律》改《北齐律》"重罪十条"为"十恶之条"，即谋反、谋大逆、谋叛、恶逆、不道、大不敬、不孝、不睦、不义、内乱这十种最严重的犯罪行为。自从《开皇律》创设这个"十恶"制度以后，后世的历代封建王朝均予以承袭，将其作为法典中一项重要的核心内容。"十恶"制度从隋初的确立到清末的《大清新刑律》中被正式废除，在中国历史上存在了1300余年之久，可见它对稳定中国的封建社会具有很大的作用。

10. 关于唐朝的法律

618年，隋灭唐兴，中国历史上一个非常重要的朝代开启。

1)《武德律》

619年，即武德二年，唐高祖李渊命人参照隋朝的《开皇律》编纂唐朝的法律，即《武德律》。五年后，新法编成，颁行天下，为唐朝立法的开端。

《武德律》也为12篇，500条，与《开皇律》没有太大的区别。但除此之外，武德年间还颁布了《武德令》31卷、《新格》53条（此处为何不称《武德格》，待考）、《武德式》15卷。此时可见法律的层级开始细化。

所谓"律"是"正刑定罪"，主要规定处理刑事犯罪的法律条文，也包括民法、婚姻法及诉讼法的规范；所谓"令"是"设范立制"，规定国家组织制度和体制的单行条例，可作为律的补充；所谓"格"是"禁违止邪，百官所常行之事"，即皇帝临时对官府机构所颁发的各种单行敕令、指示的汇集；所谓"式"是"轨物程序"，即关于官府机构的办事细则、公文程式以及百官权责的规定。这些"律令格式"涉及广泛、概念翔实、科条简约、用语精练，是唐朝在法律建设上的一大特点。

2)《贞观律》

626年，唐太宗李世民即位，改元贞观。贞观元年，房玄龄、长孙无忌等人奉诏修改《武德律》，10年后编成《贞观律》，仍为12篇，500条。此外，还有《贞观令》30卷、《贞观格》18卷、《贞观式》20卷。

3)《永徽律》和《唐律疏议》

649年，唐高宗李治即位，改元永徽。即位伊始，高宗便命长孙无忌、李勣（jì）、于志宁等人修改法律。第二年新法律《永徽律》颁行，12篇、502条，同时颁行的还有《永徽令》30卷、《永徽格》17卷、《永徽式》14卷。

同时，唐高宗李治为了确保法律条文明晰准确、法律操作得当无失，又命长孙无忌等人对《永徽律》进行逐篇、逐条、逐句的释义，这"释义"便为《永徽律疏》，于652年颁行。该《永徽律疏》共30卷，与律文具有同等法律效力。《永徽律疏》，后世也称《唐律疏议》，是中国法律史上一部非常重要的著作。

4)《开元律》和《唐六典》

712年，唐玄宗李隆基即位。737年，唐玄宗在《永徽律》的基础上修订了《开元律》，内容与《永徽律》基本相同。此外，还有《开元令》30卷、《开元前格》10卷、《开元后格》10卷、《开元式》20卷。

从722年起，唐玄宗先后命陆坚、张说、萧嵩、张九龄、徐坚、韦述、刘郑兰、卢善经、李林甫等人编纂一部行政法典，该法典以理、教、礼、政、刑、事六条为编写纲目，故名《唐六典》或《大唐六典》。《唐六典》共30卷，是现存中国历史上最早的一部行政法典，它详尽规定了官府各部门的机构设置、官员编制、执掌权限、各部门之间的关系以及官吏任用等一系列制度，可以看作是一部国家的组织法。《唐六典》于738年成书颁行。《唐六典》的出现标志着中国古代的法律在内容和形式上有了一个重要发展，即在刑法之外出现了行政法典。《唐六典》是唐代法律建设的一个突出成就，而且对后世行政立法的发展具有重要影响。

11. 关于唐朝的司法机构和"三司推事"

唐朝时的司法机关设置在经历了秦汉时代后已经更加成熟了，其在王朝中央权力层面有三个部门负责诉讼和审判之事。

1）大理寺

原则上大理寺是王朝的最高审判机关，其长官为大理寺卿，副长官为少卿，属吏有大理正、大理丞等。大理寺的职责是：审理中央百官的案件、审理京都徒罪以上的案件、复审各地（州、府）上报的死罪疑案。同时，大理寺对徒罪、流罪案件的判决还要送刑部复核，对死罪案件的判决要直接奏请皇帝批准。

秦时，类似的官署是廷尉，官名亦然。至汉景帝时，均改名大理。后多有反复，至北齐时以大理寺为官署名，大理寺卿为官名，历代沿行，及至明清。当代中国类似的司法机构为最高法院。

2）刑部

刑部是中央权力的司法行政机关，其长官称尚书，副长官称侍郎，属吏有郎中、员外郎等。刑部负责复核大理寺报来的流罪以下及州（府）、县徒罪以上案件。在复核中，如遇疑案、错案，对徒流以下案件刑部可驳令原审机关重审，或者自行复判。刑部对死罪案件可转交大理寺重审，并上奏皇帝批准。

刑部之职责、名称历史上也多有变迁。东汉时有二千石曹、三公曹，魏晋时有比部、都官，至隋唐时改为刑部，后至清时改为法部。

3）御史台

御史台是掌有司法监督权的监察机构，其长官为御史大夫，副长官为御史中丞，属下有若干御史。其职责是监督大理寺和刑部的司法活动。遇有重案或疑案时，御史台也参与审判。同时，御史台还受理行政诉讼案件。

御史台这一官署，始自东汉。那时，御史所居官署称御史府，也称兰台、宪台。至南朝梁陈、北魏北齐时改称御史台。隋唐五代宋金元历代沿置。其主要职责是纠察弹劾、肃正纲纪。

唐朝上述这三个司法机构均执掌法制政令，且都具审判职能。在遇大案、要案、疑案时，通常由大理寺卿会同刑部尚书、御史大夫共同审理，史称"三司推事"。此种互相制约的机制，加强了皇权对司法机关的控制，也为后世司法制度的发展、演变奠定了基础。

12. 关于宋朝的法律及法医学

新朝伊始，总要先换桃符，法律就是一个大大的桃符，中国古代历朝几乎没有例外，这是统治的必须。宋朝也一样，宋太祖赵匡胤一即位，便命令工部尚书兼判大理寺窦仪等人修订法律，于是，宋朝的法律出笼，《宋建隆重详定刑统》，简称《宋刑统》。

所谓"刑统"一词本来自唐朝。唐宣宗时（853年）曾颁布过一部《大中刑律统类》，即将《唐律疏议》的条文按类别、性质拆分为121个"门"，然后将"条件相类"的令、格、式及敕附于律文之后。这种将律、令、格、式、敕"分门别类"进行编排的体例，打破了秦汉以来法典编纂的传统惯例，另立新样，后人即称此种体例为"刑统"。

宋朝沿用了这个立法体例，于建隆四年（963年）颁布了《宋刑统》，并由大理寺刻板印刷发行全国。《宋刑统》共30卷、12篇、502条，每篇之下分若干"门"，共213门，其内容与《唐律疏议》基本相同。《宋刑统》也是中国历史上第一部刻板印行的法典。

南宋时，出现了一位著名的法医学家，宋慈（1186—1249年）。他在二十余年的官宦生涯中，先后四次担任高级刑法官，积累了丰富的法医检验经验，并平反了无数冤假错案。宋慈认为："狱事莫重于大辟，大辟莫重于初情，初情莫重于检验。"他在审查案件时，坚持"审之又审"。宋慈把自己审案的经验写成了一本书——《洗冤集录》。

其中，对检验死伤征象、推定死伤原因以及检验的手续、方法等都分别加以详细说明。《洗冤集录》是中国也是世界上最早的系统法医学专著。目前，中外法医学界普遍认为是中国的宋慈于1235年开创了"法医鉴定学"。宋慈被尊为世界法医学鼻祖。

13. 关于元朝的法律

元朝是蒙古人建立的王朝。当元世祖忽必烈入主中原后，便开始学习汉人的文化，治国和法律方面也是"仪文制度，遵用汉法"。至元二十八年（1291年）颁布了元朝的第一部法律《至元新格》，乃由中书参知政事何荣祖主持制订。元仁宗（1311—1320年在位）时，制订了一部关于纲纪、吏治的法典，曰《风宪宏纲》。元英宗（1321—1323年在位）时，制订了两部法典，一为《大元通制》，二为《元典章》。元顺帝（1333—1370年在位）时，制订了元朝最后一部法典《至正条格》。

元朝法律的一个最大特点就是民族的不平等。法典中按照民族不同把人分为四等：蒙古人为一等，色目人为二等，北方汉族、契丹人、女真人为三等，南人（即南宋统治下的汉人和西南地区各民族）为四等。由于这种等级的划分，在法律和社会地位上有些民族享有特权，有些民族则备受压迫。汉人显然是末等民族，很多权利被限制，如汉人不得私藏武器，不得练习武艺，不得结社集会，不得打猎，甚至连夜间点灯都要被限制。

元朝的司法机构设置也比较复杂。在中央层面，除了刑部和御史台外，还有宗正府（专门负责蒙古族贵族事务及色目人的诉讼案件）、宣政院（宗教审判机关，专门审理僧侣的重大刑事案件）、中政院（执掌宫廷事务的机关，负责审理内廷官吏的案件）、道教所（执掌道教事务的机关，负责审理与道教有关的案件）、枢密院（执掌军事大权的机关，负责审理重大军事案件和校尉军官的案件）。由此可见，元朝的司法管辖，不仅有根据地区的管辖，还根据民族、宗教、阶层施行特别的专门管辖。

14．关于明朝的法律

1)《大明律》

明朝的开国皇帝是朱元璋。其虽为和尚出身，但法律意识却很强，这一点，可谓历朝开国君主之最。还在明朝建立之前，即1364年，朱元璋即召集左右讨论法律问题。他认为："元氏昏乱"、"不知修法度"，还认为"法贵简当，使人易晓"。

1373年（明洪武六年），朱元璋命刑部尚书刘惟谦和翰林学士宋濂编修《大明律》。每一篇编好后，朱元璋都要详阅审定。

1397年（明洪武三十年），《大明律》完成，共30卷，460条。朱元璋为颁行《大明律》，亲临午门主持典礼，并发表谕旨，诰昭天下。

2)《明大诰》

朱元璋在编《明大律》的同时，在1385年（明洪武十八年）还颁布了一部《明大诰》。这个所谓的《明大诰》实际上是一部脱离于法律之外的刑法，而且是严刑峻法。如《明大诰》任意扩大了族诛、凌迟等施用范围，并恢复了历代前朝早已废弃的酷刑如挑筋、断指、刖足、割鼻、断手、阉割等。

朱元璋期望重典治吏、重典治乱，竟然要求全国上下都宣讲、习诵《明大诰》，甚至有"家藏《大诰》，犯罪可减"的事情出现。一些官吏也将《明大诰》作为进身之阶，纷纷争购，竞相讲读。《明大诰》对当时的官吏腐败起到了一定的遏制作用。

至明建文皇时，《明大诰》被认为法外用刑，有害于"情法适中"，遂被弃。

3)《问刑条例》

在明朝中后期，还出现了一部《问刑条例》，它是对《大明律》中有
关刑法的进一步修正和补充，也对明朝的刑法条律做了一些总结。该
《问刑条例》实则有"以例代律"、"以例破律"的企图。

15. 关于清朝的法律

清朝也是中国历史上一个由少数民族建立起来的王朝。几乎同历史上
历代少数民族王朝一样，这些民族在推翻汉人的政权后，又都从文化
上承袭汉人，无论从文字上，还是从国家管理制度上基本上都是以汉
人的为参照。清朝先人（女真人、满人）在入关之前，可能因为文字
不是很完善的原因，在法律上通常采用"习惯法"（约定俗成的规定、
法律），而当他们入主中原后，便开始"参汉酌金"、"详译明律"，
也走向了"成文法"的道路。

1)《大清律例》

1644年，满人甫一入关便设置律例馆，组织满汉官吏研究立法。1646
年（顺治三年）制订《大清律集解附例》，次年颁布，后于康熙、雍
正年间又修正。1740年（乾隆五年），在对《大清律集解附例》再次
修正后，编成《大清律例》，共7篇、47卷、30门，律文436条，附例
1049条。

自此，《大清律例》不再修改，而是用增加附例的方法来弥补律文的
缺漏。《大清律例》的编纂、成型历时近百年，其内容详尽，号称集
历代法律之大成。有现代法律专家认为，迄今为止，这部《大清律
例》是中国历史上最后一部比较完整的法律法典。

2)《则例》和《会典》

一部《大清律例》虽然浩瀚详尽，但仍不能把社会上所有事情都事
无巨细地一一详述，于是便有各部院的"则例"出现，类似于现在
的"部门法"，如《刑部现行则例》、《钦定吏部则例》、《钦定户部则

例》等。

在政权架构、行政管理方面，清朝还有很多"会典"作为指导，如《康熙会典》、《雍正会典》、《乾隆会典》、《嘉庆会典》、《光绪会典》等。这些会典总结了政权架构和行政管理方面的经验，记载了各机构的编制、执掌和事例，可以认为是当时社会的行政法典。

3）清朝刑法的特点

犯上罪和文字狱可能是清朝刑法的一大特点。

清朝将"犯上罪"列为十恶之首，谋反、大逆自不必说，连奏事犯讳、上疏不当也都以反逆论罪。八旗诸王与地方官员若有交结，会被认为威胁皇权，以"奸党罪"论。异姓人定盟结拜也会被认为有谋叛之嫌。

对于文人的谋叛思想，甚至只是"异端"思想，也要以高压手段来对付。"文字狱"在清朝可以说是达到登峰造极的地步。一位叫胡中藻的文人因为写了一句"一把心肠论浊清"的诗句，这"清"字前面加了"浊"便犯了大忌，结果被处死。根据记载，清朝康熙、雍正、乾隆年间的"文字狱"有百余起之多，因言而获罪者众多，其惩戒之严、株连之广、杀戮之泛是历史上少见的。

16. 关于晚清的宪政

当中国的清朝走入到晚期时，正值世界范围内的启蒙运动和民主革命蓬勃开展之时，西方国家的宪政思想开始对中国产生影响。

1894年，中国在与日本的"甲午战争"中战败。1895年4月，日本逼签《马关条约》的消息传到北京，引起国人激愤。晚清的一位学者康有为趁机发动在北京应试的1300多名举人联名上书清帝光绪，痛陈民族危亡的严峻形势，提出拒和、迁都、练兵、变法的主张。该事件史称"公车上书"。

在康有为、梁启超（另一位中国著名的学者）等人的积极推动下，1898年6月11日，光绪帝颁布《明定国是》诏书，宣布变法，新政从此日开始。然而这个新政寿命太短，到9月21日慈禧太后发动政变、临朝听政为止，仅仅历时103天。该事件史称"百日维新"。

"百日维新"是中国政治体制变革的一次尝试。"百日维新"的核心内容除了经济上、军事上和文化上的若干项措施外，更重要的是在政治上谋求君主立宪制。因为人们已经认识到旧有的政治体制是制约一个国家发展的最大障碍。

"百日维新"虽然失败了，但并没能彻底阻挡社会变革的呼声，也必然影响到了当权者的思想。1905年11月—1906年7月，清政府派出五位大臣（载泽、戴鸿慈、端方、李盛铎、尚其亨）出国考察，考察的内容即为"宪政问题"。五位大臣考察回国后提交了一份考察报告《奏请以五年为期改行立宪政体折》，其中列举了君主立宪制的几点好处，"一曰皇位永固，二曰外患渐轻，三曰内乱可弥"，并建议"立宪当远法德国，近采日本"。

1906年11月，清政府颁布《预备立宪先行厘定官制谕》，提出改定全国官制，为立宪之预备。

1907年9月，设资政院，10月各省设咨议局，是为中国议会之前身。

1908年仿《大日本帝国宪法》颁布了《钦定宪法大纲》，是为中国第一个具有宪法性质的法律文件，但未生效。

1911年7—9月，起草《大清宪法典》草案。

1911年10月，辛亥革命爆发，清王朝已经岌岌可危。在这种情况下，清政府仅用3天时间便草草拟定了一个了《宪法重大信条十九条》，并于1911年11月3日宣布立即生效。这个《宪法重大信条十九条》在形式上被迫缩小了皇帝的权力，相对扩大了议会和总理的权力，但仍强调皇权至上，且对人民的权力只字未提。

清朝晚期的一系列有关宪政的运动是清政府在国内外双重的巨大压力下而不得不采取的国体改良运动，其主观出发点仍是以"大权统于朝廷，庶政公诸舆论"为原则，也就是说，立宪的根本只在于巩固朝廷既有的一切统治大权，给予"舆论"即社会大众讨论的仅仅是"庶政"而已。这场宪政运动最终没能改变清王朝覆灭的结局。

17．关于民国的《六法全书》

延续了几千年的中国封建世袭帝国（中国的历史朝代定性问题现在仍有分歧，此处不议）终于在1911年结束，而一个"民主共和"的时代开启了，"中华民国"。但这个民国来得太快，几千年的法统突然被打断，社会一片动荡，各种势力纷纷崛起且都想干涉司法，法律体系自然也是摇摇欲坠，不堪一击。如何让社会有秩序地进行下去，是这个时期统治阶层费心费力要考虑的事情。

1928年，蒋介石率领的北伐军统一了南北，在南京建立了国民政府，立法院也随之成立。从这时起，国民政府借鉴欧洲和日本的立法情况，开始编纂一部适应这个时代、这个社会的法典——《六法全书》。

所谓"六法"，学术界普遍认为应该是宪法、民法、刑法、民事诉讼法、刑事诉讼法和行政法这六种法律。但也有学者认为，所谓"六"并非具体数字，而是指涵盖之广，如东南西北上下。

《六法全书》的立法框架，主要借鉴甚至复制了来自德国、法国、瑞士等"大陆法系"国家的成文法典。但有意思的是，其中很多内容却是间接来自于明治维新后正奋发图强的日本，如宪法、刑法、民法、国际公法、律师、法庭、原告、被告、仲裁等等这些现代法律词汇、法律概念均是来自于日语中对欧洲西方相应词汇、概念的翻译。可以认为，《六法全书》是中国历史上第一次有西方思想被引介的法律法典。

1946年时，美国一位法学家庞德到中国考察，并兼任国民政府司法行政部的顾问。庞德曾说："我盛赞国民政府时期的新法典，以后中国的法律不必再追求外国的新学理，中国的法律已经极为完美，以后的职责是阐发其精益，而形成中国的法律。"显然这位庞德先生对《六法全书》给予了高度认可。

1949年，中国共产党逐步夺取全国政权。这年2月22日，中共中央发出《中共中央关于废除国民党的六法全书与确定解放区的司法原则的指示》，《六法全书》遂逐渐地在中国大陆被废止。

18．对中国古代法律的一些认识

前面几章对中国各朝代法律文本的制订、颁布进行了简要叙述，以此期望对中国法律的发展有一个粗略的了解。现归纳起来，得出一些粗浅的认识。

①中国人从古至今对法律都是非常重视的，历朝历代，凡开国者之最大、最重要之事便是制订法律，而且这法律的制订基本上是承袭过往与适度修改相结合，所以，几千年下来，中国的法律文本几乎是一脉相承、逐渐发展起来的。

②中国人或中原的汉人对法律的认识基本上是"成文法"的思维模式，即希望通过一纸文书、一份文件将社会上万事万物都囊括进去，都加以规定，而鲜有"案例法"的思维模式。中国历史上，即便有

"案例法"的做法，也是在比较局部的案件处理上，或是在少数民族朝代夺取全国政权之前可能因为自身文字系统欠发达的原因通常以"案例法"来管理社会，如北魏朝的鲜卑人、清朝的女真人。以"成文法"来管理社会，这是中国人或中原汉人整体的思维模式所决定了的，非常有可能是因为其发达的文字系统所导致。"成文法"、"案例法"或"大陆法系"、"英美法系"是西方对不同法律体系的概念，但把它拿过来观照中国的法律体系也未尝不可。而正因为中国的法律是"成文法"的思维模式，而导致历朝历代都要进行详细的法律文本修订，不如此，法律便不能适应社会之发展。

③中国古代的法律文本是很完备的，或者说力求完备，而中国古代的司法制度也很完备。由于认识到法律这个权力的重要性和敏感性，中国在很早的时候就开始对司法机构进行"三权分立"，以便加以制衡，唐朝的"三司推事"就是一个非常明显的例子。尽管中国古代还没有对最高权力，即皇权从制度上进行有效的"三权分立"制衡，但在司法层面能做到这一点也可谓洞若观火、了了分明了。由此可看出，在对权力进行制衡的这个问题上，中国和西方也可谓所见略同。

④中国古代的法医学在当时的世界处于领先的地位。现在，中外法医学界普遍认为中国南宋时的宋慈最早开创了"法医鉴定学"，是世界法医学的鼻祖。

⑤中国的法律中很早就注意到了对国家组织架构的约束、规定，如唐玄宗时期的《大唐六典》、清朝时期的各版《会典》都是典型的国家行政法典，这些可以看作是现代国家宪法的雏形。有人认为周朝时的《周礼》就是中国最早的宪法，也有一定道理。

⑥中国法律的发展在晚清之前都是按照中国人自己的思维方式进行，很少有外来思想介入。而从晚清开始，西方及日本对中国的影响加大，法律中开始出现西方思想，比如宪政。到民国时，《六法全书》

更是受西方及日本影响。有学者认为,《六法全书》的进步意义很大,它体现了"人类法治文明"的很多优秀成果。关于对《六法全书》的认识,当前还有很多争议。

注:完成于2017年3月。

代跋　　逐步建立起一个"城市学"的概念

前不久，习大大到北京视察，视察了城市建设的一些项目，如新机场、五棵松体育中心和北京城市副中心等地方，还谈了城市规划的一些问题，我觉得对我的工作有很大的鼓舞和激励。

我是搞城市规划工作的，每天都和城市里的各种问题打交道，工作了三十多年，对这一项工作或这一专业领域有些思考，也想趁机冒昧谈谈。

传统的城市规划工作，或专业或学科，基本上还是侧重于城市规划的编制上面，也就是说侧重于城市发展建设的前期工作上面，多半是政策上的东西、纸面上的东西、前期的规划预想、指导性的意见等等。但随着工作时间的积累，我发现，所谓城市规划这一学科应该不仅仅是上面所说的这些。城市的发展建设是一个漫长的过程、复杂的过程，不太可能简单地通过一个所谓"规划"就可以把以后的事情都考虑得很周全，而城市在其规划后的时间里，还要经过建设，还要有日常的维护和管理。所以，对于一个城市来说，一个好的"规划"应该要对这个城市的全生命周期进行负责，而不只是针对其前期的工作。

基于这样一个认识，我觉得，城市规划这门学科应该要加以扩大，它的涵盖面要加以扩大，也就是说既要覆盖前期的政策指导规划阶段，还要覆盖后续的建设阶段和维护管理阶段。

目前，我们的政府架构里面，虽然也有建设部门和管理部门，但总觉得并没有把规划、建设和管理这三个阶段很好地融合在一起，比如，规划部门比较侧重于长远的理想，建设部门比较侧重于当前建设，而管理部门则侧重于解决日常问题，三个部门在具体工作里面也会有脱节的现象。比如，规划师规划了一条道路，经过若干年的建设，又经过若干年的使用和管理，这其中有多个部门对这条路加以整治、改造，我们会发现，这条道路已经不是原先规划师规划的那条路了，其功能、景观已经和规划师原先的设想相去甚远。规划师面对这样的问题，只能感到遗憾和无奈。

如何解决这个问题呢？我认为，一是，从高校的学科设置中就应该将城市作为一个整体的、全生命周期的对象来对待，学所谓规划的要了解建设和管理的内容，学建设和管理的要更多地了解规划的思想。二是，从政府的架构中也要让负责城市几个阶段的部门多有交流，比如在做前期的规划时，就应该让建设部门和管理部门多多参与，而规划师们也应该多到建设、管理部门去实践，了解具体的和当前的问题。

城市规划除了要和城市的建设、管理部门相互融合和沟通，同时还要和社会人文学方面的专家多沟通，多学习社会学的一些问题，如人口问题、教育问题、医疗卫生问题、经济问题、生态环境问题、城市文化、城市历史等等，这些都和一个城市有关系，都影响着城市的建设和发展，都是一个城市规划师要考虑的问题。

总之，我觉得，为了应对城市快速的发展，应对大范围的城市化浪潮，我们应该逐步建立起一个"城市学"的概念。而未来的城市规划院可能会把"规划"二字去掉，而叫城市研究院了，因为它不仅仅是研究所谓规划的事情，它还要对城市的全生命周期负责，对城市的各个方面负责，它将是一个全科大夫，为城市进行接生、护理、诊病、疗伤、康复，直至养老和送终，而它所依靠的理论框架便是将来的"城市学"。

注：写于2017年3月，修改于2017年5月。